300GHz 目标电磁散射模拟测量关键技术研究

邓　俊　王振华　编著

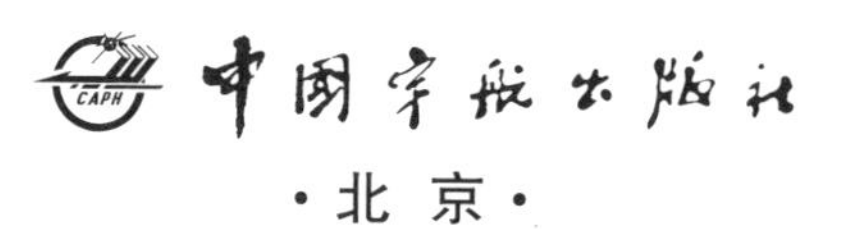

·北　京·

图书在版编目（CIP）数据

300GHz目标电磁散射模拟测量关键技术研究 / 邓俊，王振华编著. -- 北京：中国宇航出版社，2023.4

ISBN 978-7-5159-2218-8

Ⅰ. ①3… Ⅱ. ①邓… ②王… Ⅲ. ①电磁波散射－雷达截面积－电磁计算－数值模拟－研究 Ⅳ. ①TM153

中国国家版本馆CIP数据核字(2023)第052023号

责任编辑　王杰琼　　　**封面设计**　王晓武

出版发行	中国宇航出版社		
社　址	北京市阜成路8号 (010)68768548	**邮　编**	100830
网　址	www.caphbook.com		
经　销	新华书店		
发行部	(010)68767386 (010)68767382		(010)68371900 (010)88100613(传真)
零售店	读者服务部 (010)68371105		
承　印	北京中科印刷有限公司		
版　次	2023年4月第1版		2023年4月第1次印刷
规　格	880×1230	**开　本**	1/32
印　张	7	**字　数**	201千字
书　号	ISBN 978-7-5159-2218-8		
定　价	58.00元		

《300 GHz 目标电磁散射模拟测量关键技术研究》

编 委 会

前　言

太赫兹波在电磁波谱中位于微波与红外之间，具有一些特殊的性质。在太赫兹频段下有效获取并分析目标的散射数据，对于目标建模与识别有着重要作用，对于隐身/反隐身技术也有着重要意义。本书的研究目的是为建立太赫兹频段目标电磁散射特性模拟测量能力奠定技术基础。太赫兹频段目标电磁散射模拟测量技术的发展可以扩大目标电磁散射测量的应用范围，可以在相对较小的电波暗室内测量超电大尺寸的目标缩比模型的雷达散射截面（Radar Cross Section，RCS）。所以，研究太赫兹频段的目标电磁散射模拟测量技术是目标电磁散射特性研究的基础及重要手段。国内现有室内目标电磁散射模拟测量的最高频率为110 GHz，超过110 GHz的测量能力尚不足。本书的研究目标是将室内目标电磁散射特性模拟测量的工作频率提高至300 GHz。本书围绕太赫兹频段目标电磁散射模拟测量的关键技术和关键设备，完成了太赫兹频段定标技术、太赫兹频段紧缩场系统及太赫兹频段目标电磁散射测量系统的研究。本书的主要研究内容如下：

1）定量分析并研究了太赫兹频段非理想金属球体及涂覆金属球体的RCS特性，进一步提出太赫兹频段定标球的加工和使用管理准则。通过对不规则定标球体RCS的仿真计算研究，揭示了在

300 GHz频段不规则定标球体RCS在不同几何参数和电参数等因素作用下的影响规律，并对不同表面处理金属球样品的目标散射特性进行测试验证。研究成果为300 GHz频段目标电磁散射模拟测量定标实现方法提供了理论支撑。

2）设计并实现了一套300 GHz频段单反射面紧缩场系统，在定量分析的基础上提出了接收端和馈源精密调整机构设置的必要性及其误差控制要求。根据设计和误差控制要求，对新研制的300 GHz频段紧缩场系统实验样机进行了紧缩场静区范围性能指标的测试验证。

3）设计并实现了一套基于步进频相参体制200 GHz频段收发测量系统。在分别对系统设计方案和样机技术指标测试结果进行详细叙述的基础上，应用研制的200 GHz频段步进频率相参收发测量系统实验样机完成了雷达一维成像实验。实验结果表明，RCS测量误差和系统距离分辨率满足设计要求，为目标电磁散射模拟测量技术研究提供了一种高效实用的测试手段。

4）完成了太赫兹频段基于紧缩场系统的典型目标模拟测量实验。综合应用前几章的研究成果，对太赫兹频段典型目标电磁散射特性进行了测量实验验证。分别应用300 GHz频段紧缩场系统、200 GHz频段收发测量系统和300 GHz频段矢量网络分析仪，对200 GHz频段和300 GHz频段的定标误差、单目标电磁散射特性及双目标电磁散射特性分别进行了一维成像实验，得到了200 GHz频段和300 GHz频段定标误差、目标RCS、目标距离及距离分辨率等基础数据，为后续太赫兹频段目标电磁散射测量技术发展奠定了坚实基础。

目　录

第1章 绪 论

1.1 研究背景

在信息技术领域，控制和利用全频段的电磁波谱将成为赢得未来战争胜利的关键所在。当今世界正在进行一场以信息化为核心的军事革命，高技术条件下的现代战争正呈现出新的趋势，太空将成为世界军事竞争新的制高点。在太空攻防对抗体系中，雷达担负着对敌对目标、合作目标及空间垃圾进行发现、监视、跟踪、识别等任务[1,2]。而太赫兹雷达是目前新体制雷达的一个热门发展方向，太赫兹频段目标探测与识别也是目前世界各国科研机构需要攻克的一个难题。

太赫兹波是目前电磁波谱中唯一一个没有获得全面研究并很好地加以利用的波谱“空白”区[3,4]，尽管早在20世纪20年代就有科学家开始关注太赫兹频段的电磁波特性，美国的学者Nichols和Tear呼吁将红外频段与电磁频段之间的电磁波谱频段连接起来[5]。1974年，Terahertz名词正式出现，贝尔实验室用其描述迈克尔逊干涉仪所覆盖的一段频谱的谱线[6]。在进入21世纪后，学术界逐渐达成了一致的观点，将频率范围位于0.1～10 THz（3 mm～30 μm）的电磁波定义为太赫兹波[7-10]，这样太赫兹波的低频段覆盖了毫米波波段，高频段又覆盖了远红外波段。

由于理论和技术上的种种原因，对太赫兹频段广泛的研究还是在20世纪80年代中期脉冲太赫兹技术诞生之后。进入21世纪之后，随着研究的不断深入及这种技术与其他传统技术相比所展现出来的独特优势，太赫兹技术在基础研究中继续受到高度重视，关于它的应用研究也引起了科学家们的极大兴趣。

太赫兹技术受到越来越多的国家与研究机构的重视，因为太赫兹波在电磁波谱中位于微波与红外之间，如图1-1所示[11,12]，所以其具有一些特殊的性质，具体如下：

1）太赫兹波具有很强的穿透性。相比激光，太赫兹波穿透烟雾、浮尘、沙土的能力更强，可用于复杂环境的救援与作战。

2）太赫兹波具有“指纹”谱性。宇宙空间中大约50%的光子能量、大量星际分子的特征谱线在太赫兹范围内，利用太赫兹波的这一特性可以分辨物体的形貌、鉴别物体的组分、分析物体的物理化学性质。

3）太赫兹波的光子能量低。太赫兹波的光子能量远小于X射线的光子能量，且低于各种化学键的键能，辐射不会导致电离而破坏被检物质，适用于人体或其他生物样品的活体检查。

4）水汽对太赫兹辐射的吸收严重。由于水汽对太赫兹波的吸收，因此在地面应用中通常选择几处大气窗口，它们的中心频率分别在140 GHz、220 GHz、340 GHz、675 GHz、850 GHz和1.4 THz等，相对带宽都在20%左右。在大气层以上空间太赫兹波传播衰减减小，因此在空间通信与探测中太赫兹波具有广阔的应用空间[13]。

太赫兹频段雷达相对于微波和毫米波雷达来说具有如下优点：①天线系统易于实现小型化、平面化；②空间分辨率高；③工作频带宽，成像精度高；④系统体积小，适合于空间平台应用。就目标识别领域而言，采用太赫兹频段雷达相对于微波和毫米波雷达来说

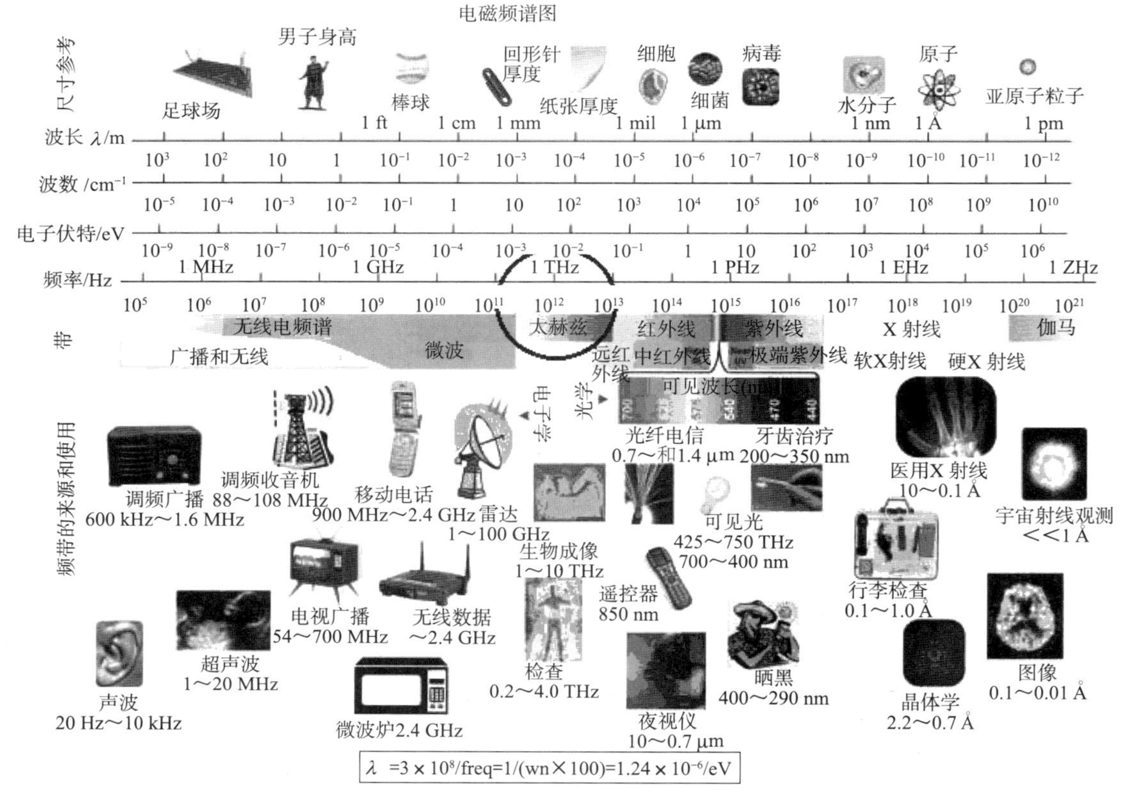

图 1－1　电磁波谱及太赫兹波在电磁波谱中的位置（画圈位置）

具有更宽的工作频带，因此成像的精度会大大提高；另外，在太赫兹频段存在大气传播窗口，在外层空间，电磁波可以无损耗传输，这一点既保证了雷达可以使用较小的功率实现远距离探测，又便于提高系统抗地面高功率雷达的干扰能力[14]。所以，如何在太赫兹频段下有效地获取目标的散射数据，从中合理、精确地提取散射中心分布和进行必要的分析，弄清楚各散射中心及散射中心之间相互作用的散射机理，不仅对于目标建模与识别有着重要作用，同时对于缩减目标雷达散射截面的隐身技术和增强 RCS 探测能力的雷达反隐身技术也有着重要意义。

对于目标散射中心的研究，可以采取实验测量和理论计算两种手段来获取数据。实验测量可作为理论计算的验模手段，甚至对于具有极度复杂结构的材料是唯一的工具；而理论计算则能提供低成本的可靠数据并能预测和解释测量结果[15,16]。

实际研究目标电磁散射特性通常有以下四种方法：

1）数值计算（仿真）法；

2）动态测量法；

3）1∶1 全尺寸静态测量法；

4）室内模拟测量法。

数值计算（仿真）法依据形体的材料、形状等信息，通过麦克斯韦方程组及其边界条件计算得到目标 RCS 数值。然而，从雷达系统探测目标类型来说，目标可能是飞机、导弹、舰船、装甲车辆等非常复杂的实体，而且其表面材料也分金属和电介质等不同材料，所以很难通过精确方法得到目标 RCS 准确数值，大多数需要通过积分方程、有限元、物理光学等近似方法得到目标 RCS 近似数值。这种方法在建模仿真过程中很难完全模拟电大尺寸复杂目标及环境，而且对于目前复杂的电大尺寸目标来说，对计算机的运算能力和内存要求都很高。

在微波和毫米波波段，虽然电磁仿真与计算技术在目标识别领域的研究成果已经非常丰富，然而对于更高频率的太赫兹成像雷达来说，电磁仿真技术在目标特性参数提取和识别中发挥的作用还相当有限。太赫兹频段下，绝大多数的实际目标是电大尺寸甚至电极大尺寸，且目标一般具有比较复杂的几何结构和材料特性，利用电磁计算的手段想精确和高效地获取目标的散射场具有很大难度。所以，目前数值计算（仿真）法基本上作为目标电磁散射特性的预测及机理解析。

动态测量法是目前可以得到目标电磁散射特性最准确的测量方法，这种方法可以对运动中的目标（如车辆、飞机、导弹等）的距离、方位等参数进行测量，得到不同形态活动目标的 RCS 准确值。然而，这种测量工程实现难度大，首先对于同样目标不同方位的电磁散射特性测量需要目标的方位递进变化；其次是实际工作中需要两部雷达，一部雷达测量目标距离和方位，另一部雷达测量目标的散射特性，而动态目标的距离和方位不确定度相当大。这样就导致动态空间测量的范围非常有限，虽然测量数据反映了真实状态，但是工程实现难度和代价巨大。

1∶1 全尺寸静态测量法可以准确测量静态目标的 RCS。一般来说，1∶1 全尺寸测量在野外模拟自由空间的开阔平坦场地进行测试，但带来的问题是无法进行全天候测量，对于气候和电磁环境要求很高，而且保密效果差，目标易被观测到。由于野外空间电磁环境的影响，造成测量准确度较差，可重复性低。而微波暗室难以进行大目标 1∶1 的全尺寸测量，一是常规测量远场条件很难达到，只能利用紧缩场测试系统等方法进行测量；二是大暗室的建设成本很高，1∶1 的运输机、轰炸机或民航飞机的模型很难实现，且如果利用紧缩场系统，大尺寸紧缩场反射面的成本也很高。

以上三种研究目标电磁散射特性方法均有局限性，所以室内模拟测量法在很多研究机构得到广泛应用。室内模拟测量法因空间尺寸限制，只能测试几何尺寸较小的目标（如导弹、小型无人机等）；对于几何尺寸比较大的目标，可根据等电尺寸缩比，测量缩比目标模型的RCS。当然，室内模拟测量法也存在一些问题，缩比目标毕竟不够真实，不能在实际全工况下进行测量，且对于复杂的、电磁参数随频率变化较为敏感的电介质进行测量也会出现相应的问题。但是在现有条件下，室内模拟测量法应用于大尺寸金属目标还是很广泛而且必要的。

国内现有室内目标电磁散射模拟测量的最高频率为110 GHz，超过110 GHz的测量能力尚不足。根据国内外对于太赫兹频段目标电磁散射特性研究的需求，本书的研究目标是将室内目标电磁散射特性模拟测量的工作频率提高至太赫兹频段（以现有技术发展，第一步先提升到300 GHz）。缩比目标的测量必然带来测量频率增高，太赫兹频段目标电磁散射模拟测量技术的发展可以扩大目标电磁散射测量的应用范围，可以在相对较小的电波暗室内测量超电大尺寸的目标缩比模型的RCS。所以，研究太赫兹频段的目标电磁散射模拟测量技术是目标电磁散射特性研究的基础及重要条件。

1.2 太赫兹频段目标电磁散射模拟测量技术研究现状与发展趋势

太赫兹频段目标电磁散射模拟测量技术研究针对的是太赫兹目标模拟测量系统。太赫兹目标模拟测量系统包括以下几个方面：

1）太赫兹频段收发系统（包括太赫兹源、天线、收发测试系统控制软件等）；

2）太赫兹频段紧缩场测量系统（包括太赫兹频段馈源、反射面、电波暗室等）；

3）太赫兹频段定标体及被测典型全金属缩比目标。

太赫兹频段目标电磁散射模拟测量技术研究的重点是太赫兹频段目标特性成像测量技术、太赫兹频段紧缩场系统测量技术及太赫兹频段定标技术。下面分别对三种不同的技术研究现状与发展趋势进行探讨。

1.2.1 太赫兹频段目标特性成像测量技术

太赫兹频段目标特性成像测量技术分为脉冲成像技术、连续波成像技术及合成孔径（Synthetic Aperture）成像技术。

（1）太赫兹脉冲成像技术

1995年，Hu等在时域光谱（Time Domain Spectroscopy，TDS）系统中增加二维扫描平移台，首次实现了脉冲太赫兹时域光谱（THz-TDS）成像，并成功对一些常见样品成像[17,18]。该成像系统基于太赫兹时域光谱技术，利用800nm的脉冲激光激发光导体转换到形成时域太赫兹波。此后，太赫兹成像技术快速发展起来，已经有大量的新技术产生。例如，1996年，Zhang和Wu等利用电光晶体和CCD（Charge Coupled Device，电荷耦合器件）实现了实时成像[19,20]。2000年，Mitrofanov等提出了基于光导天线机制的太赫兹近场成像体制和方法[21,22]。2001～2002年，澳大利亚阿德莱德大学提出了太赫兹波计算机辅助成像技术，即T-Ray CT，并研制出T-Ray CT和T-Ray Diffraction Tomography[23,24]。2005年，Chau和Shen等开展了太赫兹脉冲失真分析，利用太赫兹脉冲的相位和幅度信息识别化学品[25,26]。另外，还有太赫兹脉冲时域场成像、时域逆向变换成像、层析成像技术等[27-29]。

太赫兹脉冲成像可以探测并识别隐蔽的物体。其与一般的仅依靠信号幅度成像不同，其中一个显著特点是信息量大。每一个成像点对应一个时域波形，可以从时域信号或它的傅里叶变换谱中选择任意一个数据点的振幅或相位进行成像，从而重构样品的空间密度分布、折射率和厚度分布，可用于材料识别。另外，张希成研究小组已经利用脉冲成像系统成功实现了太赫兹层析成像，为研究物质的内部结构、探测物体的内部缺陷提供了一种重要的方法。因此，THz－TDS成像在无损检测、安全检查、质量监测、病变组织检测等领域非常具有应用前景[30-34]。

脉冲成像方法尽管能够获得成像物体上每一点的光谱数据，可以对物体进行光谱成像，但通常需要较长的数据获取时间，因此测量效率不高。

(2) 太赫兹连续波成像技术

太赫兹连续波成像技术的历史要追溯到20世纪70年代，其采用连续气体激光器作为光源，探测器使用辐射热探测计，但是系统无法在常温下成像，而且要求较高的太赫兹射线平均功率。近些年，连续波成像技术随着太赫兹辐射技术和探测技术的发展，逐步向快速化、小型化、便携式的方向发展，向实际的普及应用快速迈进。欧洲空间局（The European Space Agency，ESA）致力于发展一种能够工作在0.25 THz和0.3 THz的太赫兹相机。Federici等阐述了太赫兹固定检测设备，用于隐蔽爆炸物和武器的探测[35,36]。

(3) 太赫兹合成孔径成像技术

太赫兹波的合成孔径成像技术借鉴于雷达射频成像领域的成熟技术，测量的是物体的散射信号。太赫兹脉冲的脉宽大约是1 ps，因此在理论上其侧向分辨率约为150 μm。在太赫兹合成孔径实测中，太赫兹脉冲的时间分辨率低于其脉宽，与普通雷达成像不同，太赫兹频段在侧向实际可以获得 10 μm 数量级的分辨率，其飞行方向分辨率数量级也可与波长比拟。与微波波段相比，太赫兹频段的 SAR（Synthetic Aperture Radar，合成孔径雷达）成像具有获得极高分辨力的潜力，而且具有全天候、全天时的特点；与光学相比，太赫兹频段 SAR 成像又具有一定的穿透能力。在动目标检测与识别方面，由于太赫兹频段对运动目标的多普勒效应更为敏感，更利于低速及微动目标检测与识别，因此太赫兹频段在超高分辨成像及微多普勒目标探测与识别方面是一个前沿性、先进性强的研究领域，具有极大的研究意义[37-40]。

美国喷气推进实验室（Jet Propulsion Lab）的 Cooper、Dengler 和 Siegel 等设计了一种全固态的主动太赫兹波雷达。该雷达工作在室温下，这种设计方法使用连续波调频雷达技术得到目标的三维散射中心分布成像。该系统工作频率为 630 GHz，带宽为 12.6 GHz。当物体在 4 m 远处时，系统成像的分辨率可以达到 20 mm。使用该系统对放在纸袋子里鱼钩上的重物和衣服下面隐藏有扳手的人体进行了三维散射中心分布成像[41,42]，实验结果如图 1-2 所示。

此外，该实验室于 2008 年提出利用全固态的主动太赫兹波雷达和外差式亚毫米波成像系统探测远距离处被人体遮挡的目标。其中，最主要的困难是镜向散射的干扰，在非镜像角度目标的反射功率很低，以至于无法从背景信号中识别。为了解决这个问题，该实验室采用了 600 GHz 高精度主动式成像雷达并且得到隐蔽目标的三维成像结果，具有厘米精度范围[43-45]。目前，该实验室已经成功地实现了 25 m 处目标的三维探测。为了实现快速成像，其未来的目标是研制更加复杂、更加昂贵的多像素主动式扫描阵列成像雷达。

德国 GE Global Research 的 Breit 搭建了一套系统[46]。该成像

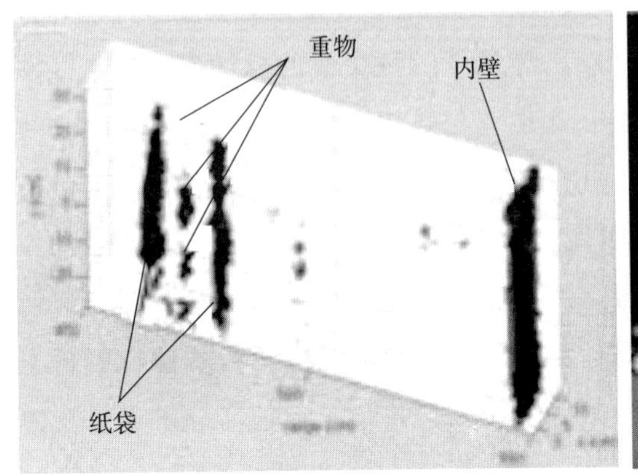

(a) 放在纸袋子里鱼钩上的重物

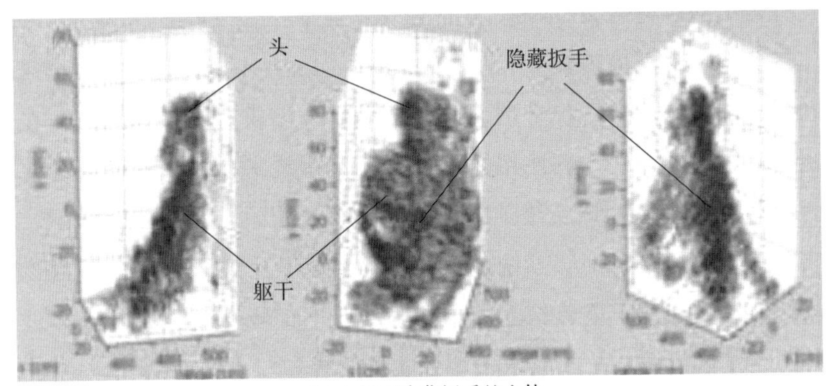

(b) 衣服下隐藏扳手的人体

图 1-2 三维太赫兹散射中心分布图像

系统成像距离为 1.2 m，系统探测器采用的是高莱（Golay）探测器，太赫兹源采用返波管（BWO）。该系统的工作频率为 720 GHz，通过逐点扫描获得物体散射中心分布的图像，系统成像的分辨率可达 1.6 mm。该机构使用这套反射式连续太赫兹波成像系统对不同材料覆盖的隐藏在羊毛衫里的玩具手枪进行了成像，实验结果如图 1-3 所示。

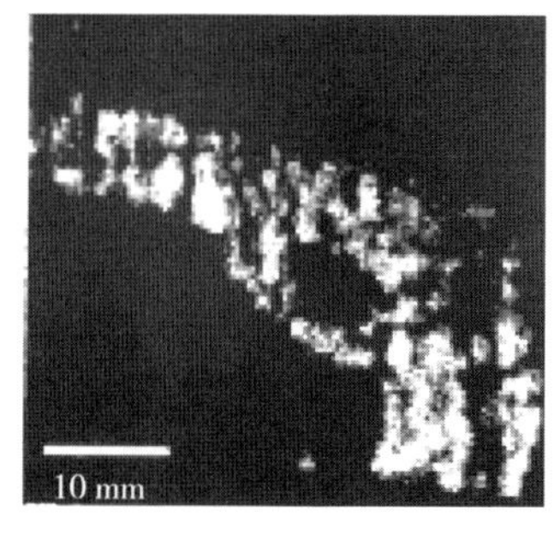

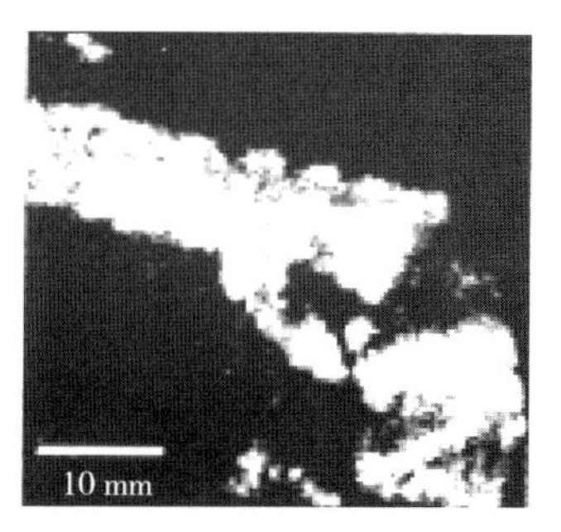

(a)1.2 mm厚的毛线覆盖的玩具手枪的太赫兹图像

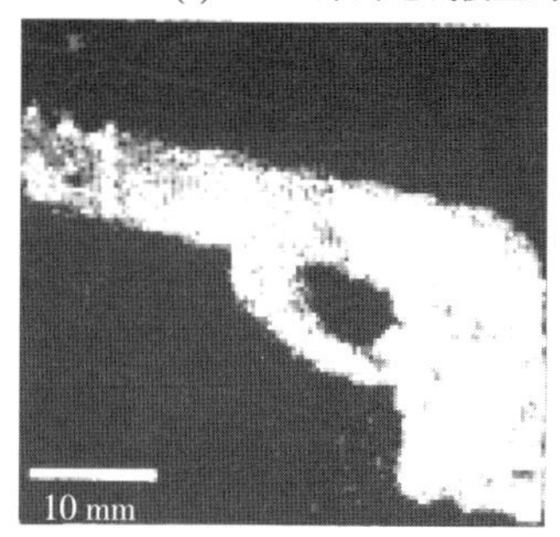

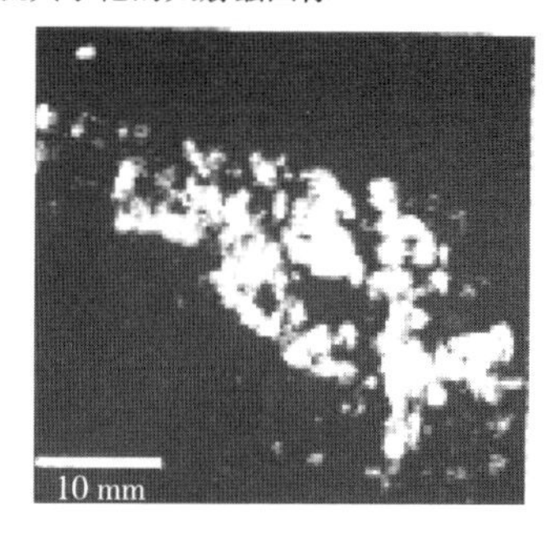

(b)自由空间玩具手枪的太赫兹图像

图 1-3 玩具手枪的太赫兹图像

德国 German Aerospace Center 的 Richter 和 Hübers 等搭建了一套反射式连续太赫兹波远距离成像系统[47-49]。该系统采用光泵浦太赫兹气体激光器作为太赫兹源，探测器采用热电测热辐射（HEB）混频器，工作频率为 0.8 THz，系统成像距离可超过 20 m，成像分辨率小于 20 mm。

2008 年德国应用科学研究所 Essen 等成功设计实现了 COBRA-220 雷达成像系统，工作主频在 220 GHz，并对小汽车、翻斗车、自行车进行了成像。图 1-4 分别给出了三种目标的可见光图像和太赫兹雷达图像[50-53]。

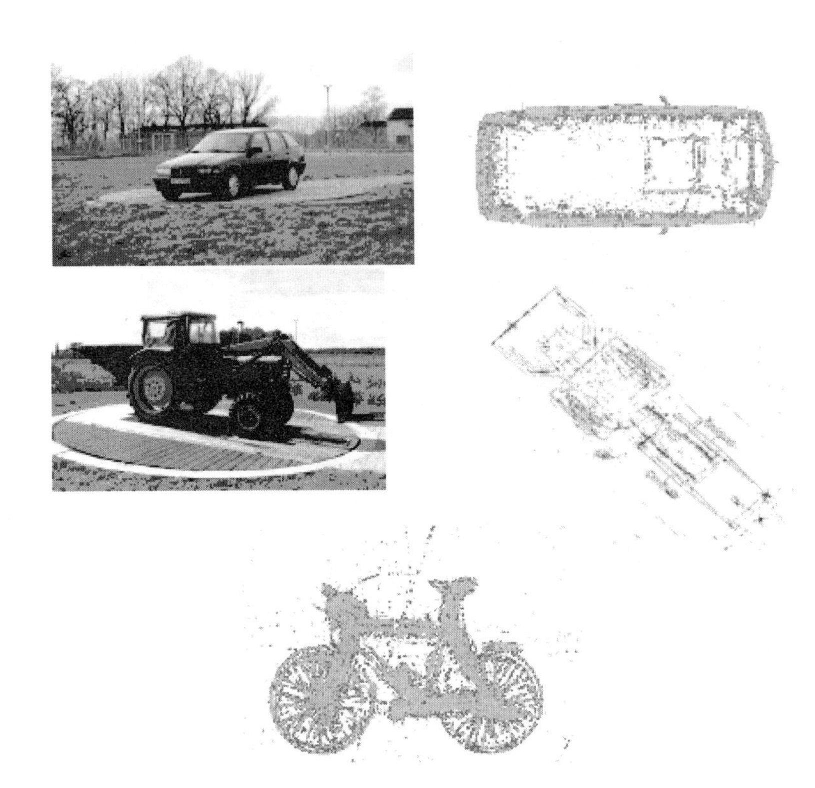

图 1-4　小汽车、翻斗车、自行车目标可见光图像和太赫兹图像

太赫兹成像技术在发展过程中存在如下问题：

1）由于水对太赫兹射线吸收很强，因此大大降低了生物样品成像的灵敏度，严重限制了太赫兹成像在生物医学领域的应用[54]。

2）目前所产生的脉冲太赫兹波源的辐射功率低，平均功率只有纳瓦到微瓦数量级[55]。

3）由于太赫兹波相对于光学频段的波长较长，因此限制了太赫兹成像系统的空间分辨率[56]。

4）在数据处理方面，处理过程尽管已经考虑到了多种因素，但如散射等一些问题暂时还难以考虑进去，所以提取样品参数的方法还不太成熟。各个科研机构和实验室处理数据的方法不尽相同，目前还没有一个成熟的统一方案[57]。

5）太赫兹连续波成像可以大大提高成像速度，但缺乏光谱信息。若提高图像的分辨率，信噪比将减小。由于实验过程中无法完全确保太赫兹波正入射，因此实验结果中存在干涉条纹。连续波成像可以直接从操作面板看到成像结果，基本上不需要复杂的算法进行数据处理，但对于有些样品，需要从算法上对图像进行处理，消除噪声、干涉条纹，提高图像质量，而有效的数据处理需要进一步探索。另外，现有连续波成像系统成像距离较短，系统主要应用于近距离安检和探伤，无法对公共场所的大范围远距离目标进行成像或检测[58]。

6）脉冲太赫兹波成像设备比较复杂，需要专业的操作者。系统扫描的速度也很慢，需要在每个点记录整个太赫兹波波形。除此之外，脉冲成像包含多维信息，需要经验来分析结果。同样，脉冲系统由于有限的扫描范围，对金属基底的地形特征很敏感。同样，它难以检测厚的样品，这种情况下成像媒介会被泡沫快速吸收[59]。

连续波成像系统的设备相对低廉、小型化，与脉冲成像互补，成为新的检测技术。但现有的连续波成像系统只利用了一个探测器进行逐点扫描，获取数据的速度仍有待提高。随着矩阵或线阵列探测器的发展，需要努力实现实时探测，快速提高数据获取速度，进一步实用化。

1.2.2　太赫兹频段紧缩场测量技术

紧缩场可以近距离获得平面波来照射目标，既降低了由于远距离测量带来的困难，又弥补了测量系统作用距离的不足，因此常常比全尺寸目标测量更加具有实用的意义。

目前，太赫兹频段紧缩场系统研究和应用较为深入的是芬兰赫尔辛基大学，其从1992年开始研究的基于全息光栅技术的紧缩场系统工作频率已覆盖39～650 GHz频段。全息型紧缩场基于准光学技术，易于工作到太赫兹测试频段。

马萨诸塞大学洛厄尔分校的亚毫米波技术实验室及美国陆军地面情报中心专家雷达特性解决方案项目（ERADS）已经开发了测量重点目标缩比模型雷达RCS的紧缩场。利用测量缩比模型（通常是1/16或1/35比例）采集目标特性数据，ERADS紧缩场目前可以采集从X波段到W波段的全极化数据。例如，他们在2000年就通过缩比实验测量了对战术目标在1.56 THz的RCS分布，其中缩比尺寸为1/16，所使用的实验装置如图1－5所示[60,61]。

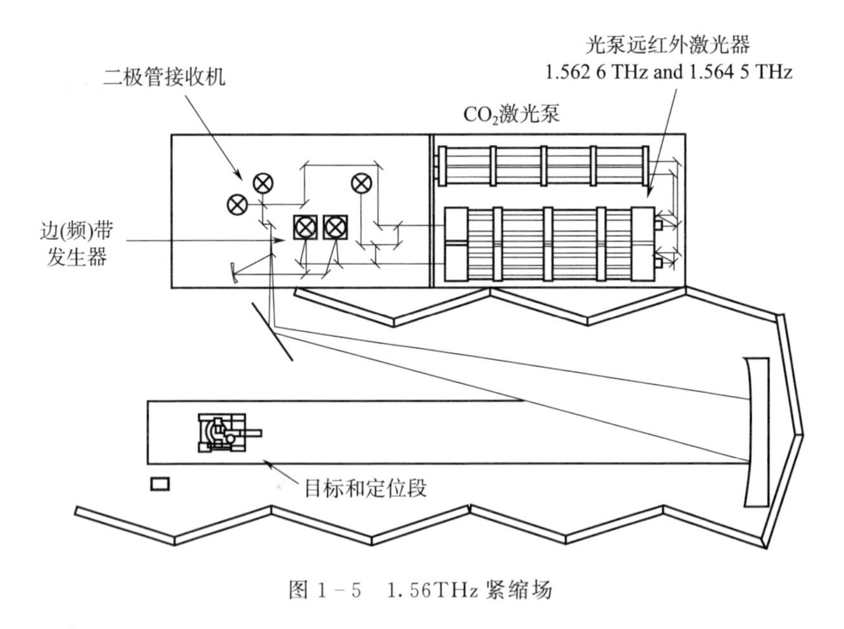

图1－5 1.56THz紧缩场

该实验系统具有较高的稳定性和良好的信噪比，尤其在测量低观察目标时非常有效。该系统除了可以对目标进行正常的ISAR

(Inverse Synthetic Aperture Radar，逆合成孔径雷达）成像外，还可以进行两维的方位角和俯仰角 ISAR 成像。1.56 THz 收发器采用两个稳定性高的光泵远红外激光器，一个是用来进行扫频的微波/激光边带产生器，一个是用来进行相干积分的肖特基二极管接收机。仿真 W 波段（95 GHz），该系统测量了 1/16 的军事目标缩比模型 BMP-2，测量结果表明成像信息具有很高的横向距离分辨率（对全尺寸 35 mm）。

2001 年，该实验室进行了 W 波段全极化 ISAR 成像研究，利用该测量系统测量了几种战术目标的 RCS 分布，测量结果与 Xpatch 仿真结果吻合很好。除了传统的 ISAR 成像外，该系统还收集方位角和俯仰角数据，并合成在一个立体角内。此后研究人员利用该系统还得出了二维和三维测量结果。图 1-6 为倾角为 10°时，典型战术目标 T5M3 主战坦克 HH 极化 RCS 测量和仿真结果的比较[62-64]。

其中，图 1-6（a）表示角度增量为 0.01°时 HH 极化 RCS 测量结果。为了便于和 Xpatch 做比较，图 1-6（b）显示了角度增量为 0.5°时的测量结果和仿真结果，可见吻合较好。

为了进一步进行比较，图 1-7 给出了交叉极化结果。由图 1-7 可以看出，差异还是明显的，表明在处理交叉极化问题时，Xpatch 代码还有待进一步完善。

2004 年，该实验室通过缩比实验测量了战术目标 350 GHz 全极化的 RCS 分布，其中缩比尺寸为 1/35，所使用的实验装置如图 1-8 所示[65,66]。

利用该系统可以测量大目标和多目标的散射场 RCS 分布。该系统具有较高的带宽和测量精度，可达 6 in①。利用该系统测量了在自

① in 为英寸，1 in=2.54 cm。

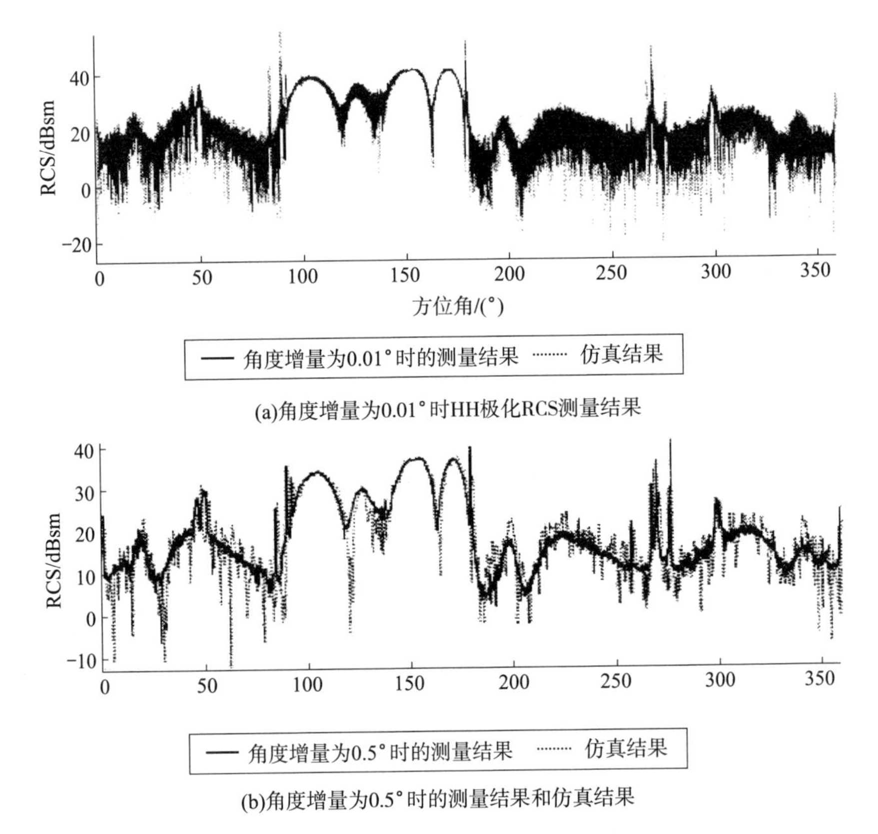

(a)角度增量为0.01°时HH极化RCS测量结果

(b)角度增量为0.5°时的测量结果和仿真结果

图 1－6　对 T5M3 实验和理论结果 HH 极化 RCS 的比较

由空间和不同平面的战略目标的场分布，并与理论值做了比较，吻合很好，如图 1－9 所示。利用该系统还进行了 T72 坦克和 SUCD 的 ISAR 成像研究，结果如图 1－10 所示。

2009 年，该实验室通过 160 GHz 缩比实验研究了不同吸收材料的太赫兹后向散射特性，这些吸收材料是 FIRAMTM－160、FIRAMTM－500－red、FIRAMTM－500－black、Rex Mat、AEL、neoprene wetsuit、TK THz RAM。该实验室测量了仰角从 15°到 75°时的极化 RCS，并且利用该系统测量了法向入射时材料的投射特性。

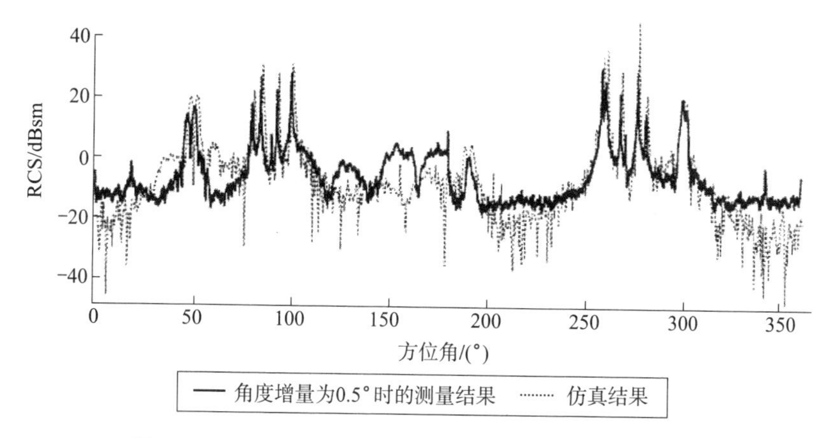

图 1-7 对 T5M3 实验和理论结果 HV 极化 RCS 的比较

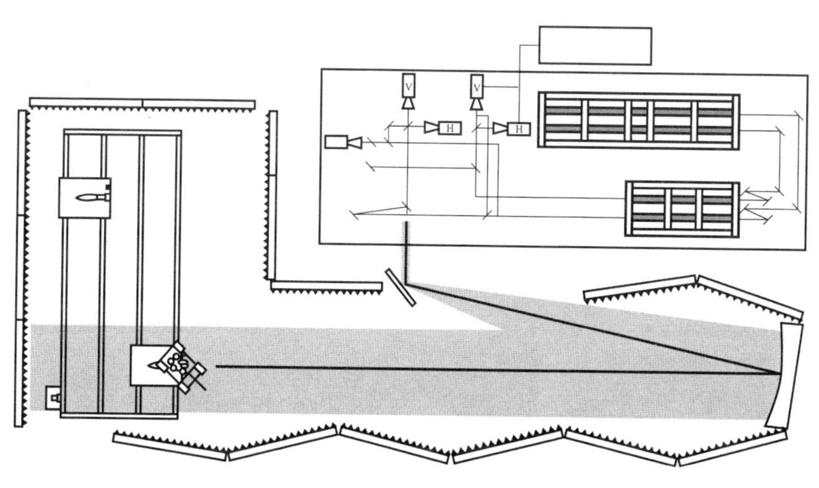

图 1-8 350 GHz 紧缩场

其所采用的实验装置如图 1-11 所示[67,68]。

结果表明，当入射波垂直照射时，楔形吸收体具有高的 RCS，通过边缘散射可以观察到其他的散射特征；而 AEL、neoprene wetsuit、TK THz RAM 这三种材料与方位角无关，由于是体散射，它们具有较高的 RCS 值。锥形吸收材料，如 TK THz RAM 随方位

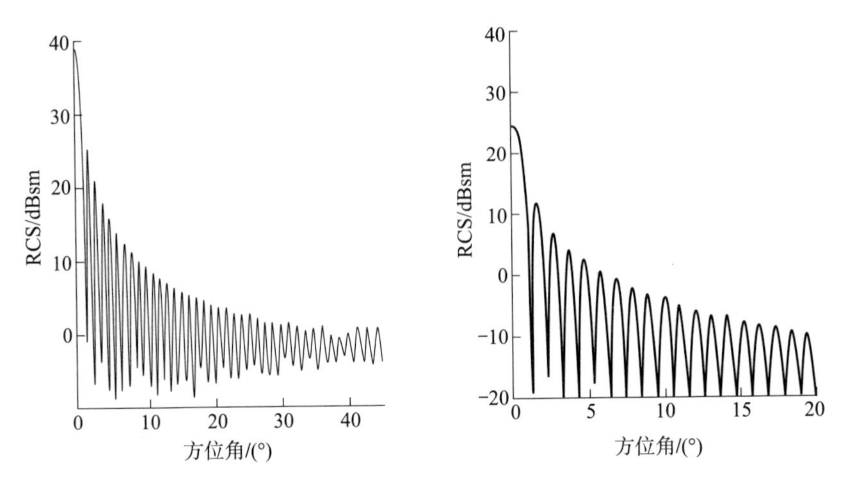

图 1-9　俯仰角为0°和1.5°时对立方体的测量和理论计算结果比较

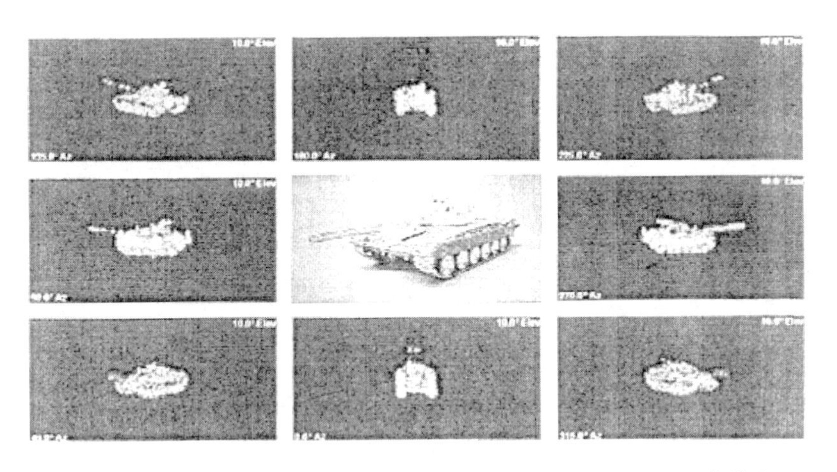

图 1-10　利用缩比尺寸为1/35的缩比模型T72坦克的VV极化横向成像随方位角的变化

角的分布具有周期性的峰值，但随着倾角的增大，这些特征逐渐消失。

综上所述，太赫兹频段紧缩场系统对于目标成像和探测研究刚

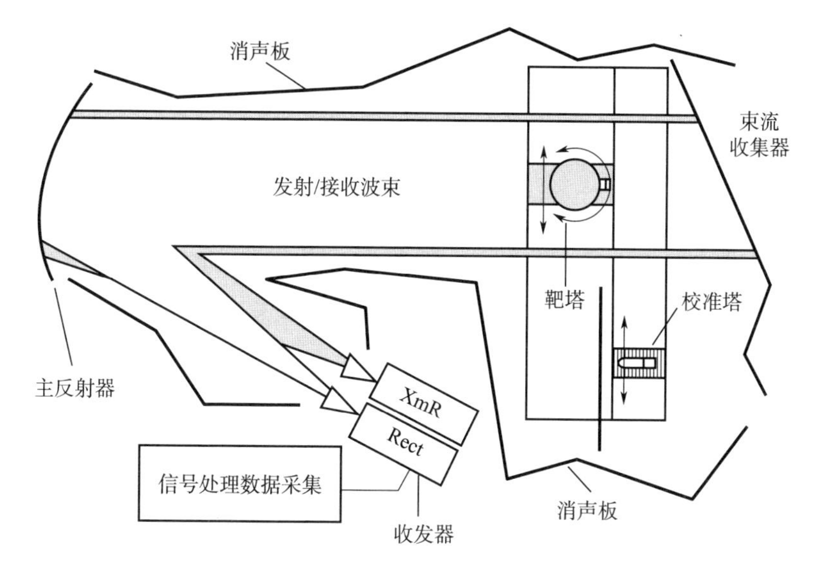

图 1-11 160 GHz 紧缩场

刚起步，而且保持测量准确性需要精确数值算法配合，而国内目前还不具备太赫兹频段紧缩场系统测量目标电测散射特性的条件。近十年来，国内多家单位在太赫兹频段关键部件的技术研究与原理器件研制方面投入了大量的人力与物力，取得了一些技术成果，但是太赫兹频段目标特性研究（无论是电磁散射建模与仿真，还是实验室内缩比模拟测量）尚未系统开展。

1.2.3 太赫兹频段定标技术

目标电磁散射特性的研究中习惯用 RCS 表示目标散射雷达波效率，同时也将其作为评价目标电磁特性的基本参数。识别空间目标的关键就是得到空间目标的 RCS。在实际的测试中，用一个已知其精确 RCS 的定标体进行相对标定，是求得目标 RCS 的前提。因此，研究定标技术不仅是研究目标电磁散射特性的基础，而且为其提供了理论依据。

关于全金属定标球 RCS 及角反射器 RCS 的研究在微波毫米波频段已经较为成熟，而太赫兹频段定标技术研究在国内外的文献中较为少见。

德国布伦瑞克太赫兹通信实验室的 Jansen 等于 2009 年提出了在缩比模型测量中采用光纤耦合太赫兹时域光谱系统测量目标的双站 RCS 分布，并搭建了一套基于光纤耦合太赫兹收发器的时域光谱系统，系统可测量的频率范围可达 1THz 以上，如图 1－12 所示[69-73]。

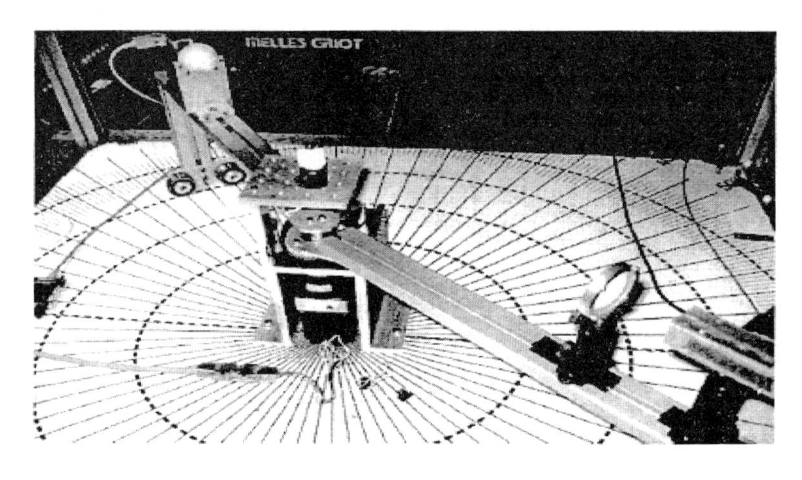

图 1－12　光纤耦合太赫兹时域光谱系统测量目标双站 RCS

研究人员采用金属球（直径为 10 mm）对该系统进行定标，并对金属平板（尺寸为 15 mm×15 mm）的双站 RCS 特性进行了测量，但是所用定标球具体要求文献中没有描述，并且测试结果与用 PO 方法得出的理论值存在较大偏差，如图 1－13 和图 1－14 所示，其是否因定标体本身 RCS 偏差造成也不得而知。

近年来，在国防 973、装备预研等项目的支持下，国内一些单位也在开展太赫兹目标特性建模与测量等方面的工作，如国防科技大

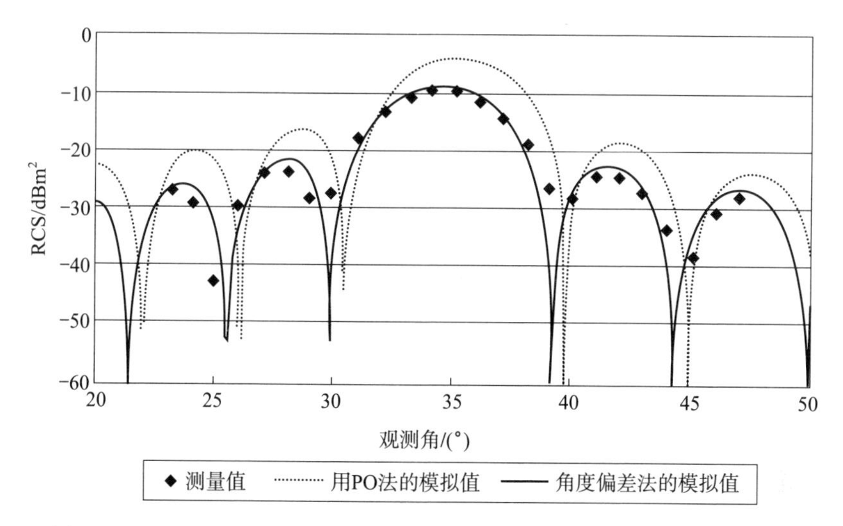

图 1-13 300 GHz 处对金属平板 15 mm×15 mm 的测量和理论结果对比

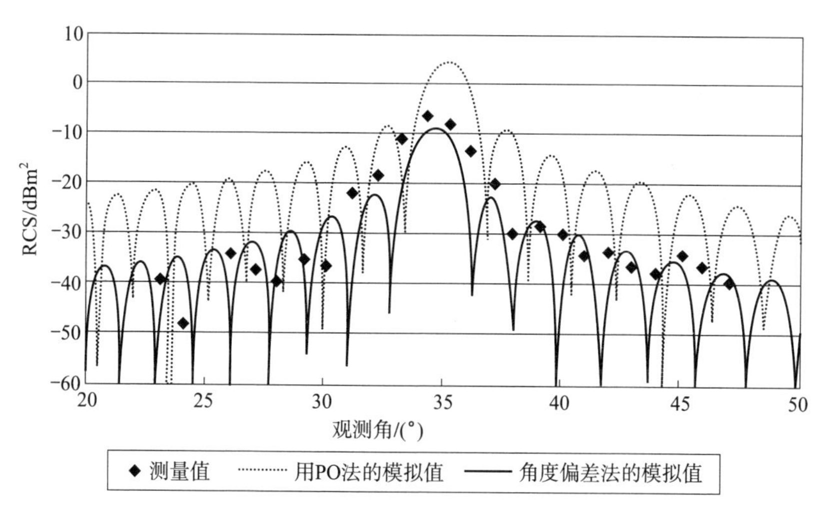

图 1-14 800 GHz 处对金属平板 15 mm×15 mm 的测量和理论结果对比

学王宏强教授团队、航天科工二院 207 所、东南大学、西安电子科技大学等，并取得了一系列研究成果。

1.3 本书主要内容与结构安排

本书根据太赫兹频段目标电磁散射特性模拟测量的技术需求，分析了目标电磁散射特性室内模拟测量技术的必要性，阐述了太赫兹频段定标技术、紧缩场测量技术及雷达成像技术的研究现状和发展趋势。国内现有室内目标电磁散射模拟测量的环境和系统可测试到110 GHz频段，本书将模拟测量技术考察频率提高至300 GHz，围绕太赫兹频段目标电磁散射模拟测量的关键技术和关键设备，完成了对太赫兹频段定标技术、太赫兹频段紧缩场系统及太赫兹频段目标电磁散射测量系统的研究。首先，本书完成了不规则金属定标球体在300 GHz频段RCS变化特性的研究，分别针对带状槽形条纹的椭球体和表面涂覆不同介质层的金属球体的RCS变化特性进行仿真和测试研究，揭示了定标球体RCS在不同因素作用下的变化规律，提出了太赫兹频段定标球的加工和使用管理准则；其次，本书完成了300 GHz频段单反射面紧缩场系统的研究与设计，同时对馈源位置及接收平面位置不准确带来的静区平面波误差特性进行了分析，提出了紧缩场接收端和馈源位置精确控制要求，完成了一套单反射面紧缩场系统实验样机的设计，构建测试条件并获得了可靠的静区场分布特性数据；再次，本书完成了一套200 GHz频段收发测量系统的研究与设计，同时完成了对分系统及系统整机性能的测试，并利用该收发测量系统完成了200 GHz频段目标一维距离成像测试；最后，本书综合利用前面研究成果，完成了基于紧缩场系统的200 GHz频段和300 GHz频段典型目标电磁散射特性的测量和成像实验。

本书共分6章：

第1章为全书绪论，介绍了太赫兹频段目标电磁散射模拟测量关键技术的研究背景，阐述了目标电磁散射特性室内模拟测量技术的必要性，以及太赫兹频段目标电磁散射模拟测量三种关键技术目前国内外研究现状及发展趋势。

第2章基于现有微波毫米波频段目标电磁散射模拟测量技术的成熟性，开展了关于太赫兹频段目标电磁散射模拟测量关键技术的分析和探讨。根据太赫兹频段对比于微波毫米波频段的特殊性，提出了太赫兹频段电磁散射模拟测量的三个关键技术，即太赫兹频段定标技术、太赫兹频段紧缩场系统技术、太赫兹频段收发测量系统技术，并分别分析了以上三个关键技术相比于微波毫米波频段的特征及进行研究的需求。太赫兹频段目标电磁散射模拟测量关键技术的分析为300 GHz目标电磁散射模拟测量研究提供了研究方向和理论指导。

第3章研究了不规则定标球体的RCS，主要研究了非理想球体及涂覆球体在300 GHz频段的RCS。其中，非理想球体误差体现在加工误差导致的定标球长短轴误差及带状槽形条纹误差，涂覆球体误差体现在定标球因不清洁和氧化导致表面涂覆不同电参数的非金属涂层。该章主要对这两种不同形式的不规则定标球体的RCS进行测量仿真研究，揭示了在300 GHz频段不规则定标球体RCS在不同机械参数和电参数等因素作用下的影响规律。此后加工六个不同表面处理金属球样品并进行测试，验证了仿真结果的趋势，从而提出太赫兹频段定标球的加工和使用管理准则。以上仿真和测试结果为300 GHz频段目标电磁散射模拟测量定标实现方法提供了理论支撑。

第4章设计并实现了300 GHz频段单反射面紧缩场系统，分别对紧缩场系统馈源、反射面及暗室进行了设计，并在定量分析的基础上提出了接收端和馈源精密调整机构设置的必要性及其误差控制要求。根据设计和误差控制要求，对自研300 GHz频段紧缩场系统实验样机进行了紧缩场静区范围性能指标的测试验证，为300 GHz频段目标电磁散射模拟测量技术研究提供了一种必要的硬件支撑。

第5章设计并实现了一套200 GHz频段步进频率相参收发测量系统，分别对系统的工作原理、设计框图及系统硬件组成进行介绍和分析，同时对分系统和系统进行了详细的评测；利用该收发测量系统进行了典型目标200 GHz频段一维距离成像，为目标电磁散射模拟测量技术研究提供了一种高效实用的测试手段。

第6章将前几章研究的成果进行整合，基于自研300 GHz频段紧缩场系统，分别利用自研200 GHz频段收发测量系统及300 GHz频段矢量网络分析仪，对200 GHz频段和300 GHz频段的定标误差、单目标电磁散射特性及双目标电磁散射特性分别进行了一维成像实验；主要介绍了太赫兹频段基于紧缩场系统模拟测量实验的原理和方法，最终实现对典型目标模型在相应频段下的电磁散射特性模拟测量实验验证。实验结果对太赫兹频段定标技术、300 GHz频段紧缩场系统设计仿真、误差分析及实验样机的检测结果，以及200 GHz频段收发测量系统样机的设计和使用实现了有效验证。

第2章　目标雷达散射截面及其模拟测量技术

目标的RCS是表征目标电磁散射能力大小的物理量，室内模拟测量方法是获取目标RCS和散射中心分布特性的最常用方法。室内模拟测量法既可以测量几何尺寸较小的1∶1全尺寸目标，又可以根据等电尺寸缩比测量缩比目标模型的电磁散射特性。国内现有室内目标电磁散射模拟测量的最高频率为110 GHz，超过110 GHz的测量能力尚是空白。根据国内外对于太赫兹频段目标电磁散射特性的研究需求，本书的研究目标是将室内目标电磁散射特性模拟测量的工作频率提高至太赫兹频段（以现有技术发展，第一步先提升到300 GHz）。太赫兹频段目标电磁散射模拟测量技术的发展可以扩大目标电磁散射测量的应用范围，可以在相对较小的电波暗室内测量超电大尺寸的目标缩比模型的RCS。所以，研究太赫兹频段的目标电磁散射模拟测量技术是目标电磁散射特性研究的基础及重要条件。

2.1　目标雷达散射截面

在目标电磁散射特性的研究中，常用RCS表示目标散射雷达波效率[74-78]。RCS是一个表示雷达对辐射电磁波散射能力大小的物理量，目标电磁特性会随雷达发射电磁波段的改变而改变[79-84]。

RCS定义为：单位立体角内目标向接收方向散射的功率与从给定方向入射于该目标的平面波功率密度之比的4π倍[85-88]。从电磁散射的观点来看，雷达目标散射的电磁能量等于目标的等效面积与入

射功率密度的乘积。平面电磁波的入射能量密度可表示为[89,90]

$$w_i = \frac{1}{2}E^i H^{i*} = \frac{1}{2Z_0} \left| E^i \right|^2 \tag{2-1}$$

式中 E^i 和 H^i ——入射电场和磁场的强度；

Z_0——自由空间的波阻抗，$Z_0 = \sqrt{\mu_0/\varepsilon_0} = 377\ \Omega$ 。

因此，雷达截面为 σ 的目标所截获的总功率为

$$P = \sigma w_i = \frac{1}{2Z_0}\sigma \left| E^i \right|^2 \tag{2-2}$$

如果目标将这些功率各向同性地散射出去，则在距离为 R 的远处，其散射功率为

$$w_s = \frac{P}{4\pi R^2} = \frac{\sigma \left| E^i \right|^2}{8\pi Z_0 R^2} \tag{2-3}$$

另外，散射功率密度又可用散射场 E^s 来表示，即

$$w_s = \frac{1}{2Z_0} \left| E^s \right|^2 \tag{2-4}$$

由式（2-3）和式（2-4）可以解出

$$\sigma = 4\pi R^2 \frac{\left| E^s \right|^2}{\left| E^i \right|^2} \tag{2-5}$$

因为入射波是平面波，且目标假定为点散射体，所以距离 R 应趋于无穷大。因此，应将式（2-5）更严格地写为

$$\sigma = \lim_{R\to\infty} 4\pi R^2 \frac{\left| E^s \right|^2}{\left| E^i \right|^2} = \lim_{R\to\infty} 4\pi R^2 \frac{\left| H^s \right|^2}{\left| H^i \right|^2} \tag{2-6}$$

雷达散射截面是一个标量，单位为 m^2，通常以对数形式给出，即对于 1 m^2 的分贝数（又称分贝平方米，记为 dBsm)：

$$\sigma_{dBsm} = 10\lg\sigma \tag{2-7}$$

雷达散射截面既与目标的几何参数和物理参数有关，如目标的尺寸、形状、材料和结构等，又与入射雷达波频率、极化、波形及

目标相对于雷达的姿态角等参数有关。当雷达为双基地体制时，雷达散射截面还与入射波和散射波构成的双站角有关。目标参数和雷达波参数与雷达散射截面的关系是目标雷达特征研究的重点，从而有利于目标雷达散射截面的减缩和控制[91,92]。

2.2　目标电磁散射中心分布

对于形体复杂的目标来说，目标不同部位的电磁散射能力存在强弱差别。电磁散射较强的部位称为散射中心，散射中心空间分布特征与目标外形结构及其材料特性具有对应关系，因此目标散射中心分布特征可以用来分辨不同类型的目标（如民航飞机、轰炸机、歼击机等）。

散射中心分布特征可以通过数值计算或测量的方法得到，前人不仅得到了大量目标散射中心的一维、二维和三维的分布数据，而且这些散射中心矢量合成的散射场可以很好地与理论计算得到的总散射场吻合。近年来，国内外对雷达目标散射中心的研究主要集中于：①基于目标散射中心分布特征的雷达目标识别；②目标散射中心的建模、提取与分析；③隐身目标的散射中心特性研究；④基于散射中心提取技术的 RCS 内插外推及超分辨成像等。

目标散射中心的提取与分析研究的重点是目标散射中心模型，并从模型中提取散射中心分布的距离和目标 RCS 等参数。其中，目标散射中心模型可以反映目标散射机理。目标散射中心模型的研究有两类方法：第一类是通过目标自身结构形状确定主要的散射源；第二类是通过计算或实测获取雷达目标回波数据，之后对数据进行分析并从中提取出目标散射中心参数。其中，第一类方法利用目标自身结构形状确定散射源，只适用于简单形体目标。因为复杂目标的不同部件或者多目标之间可能存在遮挡及多次绕射、反射、散射等情况，这些情况下的单目标或多目标散射特性不能通过单个部件的累加确定，所以对散射中心的提取与分析大都以第二类方法为主。

在目标识别方面，目标散射中心能够提供有关目标强散射点可供分类识别的有效特征参数，如目标强散射点的极化、位置、方向等情况及结构。对每个待识别的目标，建立精确电磁散射中心分布模型，然后提取模型参数作为特征模板，是复杂电磁环境下获取目标特征进行目标识别的有效途径之一。雷达目标识别一直以来受到国内外研究人员广泛的重视与研究。散射中心模型是宽带雷达信号处理中常用的模型，在远场区内能够较好地描述目标的散射特性。它可以作为一种物理意义明确且特征维数较少的模型用于目标识别，这也是近几年兴起的研究热点[93,94]。

2.3 目标电磁散射模拟测量技术

目标电磁散射模拟测量包含目标 RCS 的测量和目标散射中心分布特征的测量两大类。

2.3.1 目标 RCS 测量技术

根据式（2-6）的 RCS 定义式可知，散射电场和入射电场均是不可测量的物理量，而且极限的运算也难以进行。除此之外，对于雷达方程[90]：

$$P_r = \frac{P_t G_t G_r \lambda^2 \sigma}{(4\pi)^3 R^4} \tag{2-8}$$

式中 P_r 和 G_r ——接收雷达的接收功率和接收天线增益；

P_t 和 G_t ——发射雷达的发射功率和发射天线增益；

λ ——工作波长；

σ ——目标 RCS；

R ——传播距离。

根据雷达方程可得目标 RCS 的计算公式为

$$\sigma_{目标} = \frac{(4\pi)^3 R^4}{P_t G_t G_r \lambda^2} P_{r,目标} \tag{2-9}$$

利用雷达方程求解目标雷达散射截面同样容易出现问题，如果想要准确测量目标 RCS，则需要得到收发雷达的功率和收发天线的方向图准确值，而以上参数均无法利用仪器进行精确测量。所以，现有对目标 RCS 的测量方法为比较法，用一个已知 RCS 的定标体标定目标 RCS，这样需要的测量条件较少，而且可以保证测量精度。定标体 RCS 的计算公式为

$$\sigma_{定标体} = \frac{(4\pi)^3 R^4}{P_t G_t G_r \lambda^2} P_{r,定标体} \tag{2-10}$$

其中，当同一部雷达在测量不同目标 RCS 时，雷达接收功率与被测目标相关，雷达发射功率、发射天线增益、接收天线增益、工作波长、传播距离等物理量不随被测目标的变化而变化。所以，结合式（2－9）与式（2－10）可得被测目标 RCS 为

$$\sigma_{目标} = \frac{P_{r,目标}}{P_{r,定标体}} \sigma_{定标体} \tag{2-11}$$

由比较法测量目标 RCS 的定义式［式（2－11）］可知，目标散射中心回波功率与定标球散射中心回波功率可以很容易地依靠测量仪器获得；理想金属球 RCS 可由公式准确获得，即 $\sigma = \pi r^2$（r 为金属球半径）；标准三面角反射器 RCS 同样可由公式准确获得，即 $\sigma_{max} = 12\pi a^4/\lambda^2$（$a$ 为角反射器边长）。所以，金属球体和角反射器是较常用的两类 RCS 定标体。在目标 RCS 测量过程中，需要被测目标信噪比与标准定标体信噪比均在可测范围之内，而定标球 RCS 与

球半径相关，RCS普遍较小，造成信号接收功率也较小；角反射器RCS较大，适合标定大散射截面物体的RCS，但角反射器对于摆放比球要更严格，摆放偏角越大，则RCS下降幅度越大。

综上所述，要想获得准确的RCS测量数据，必须解决下面两项关键技术予以保证。

（1）RCS标定技术

实际使用的定标体由于存在机械加工误差，长期使用造成的表面氧化或表面粘上油污等，使得难以将其看成理想金属球，造成RCS实际值与真值有偏离。依据电磁散射理论，上述几何尺寸偏差和表面非金属层带来的RCS变化量与其相对电尺寸呈正相关。也就是说，在频率较低的微波波段，由于波长处于厘米以上量级，当几何尺寸偏差和表面非金属层厚度处于毫米量级时，实际定标体RCS值与理论值差别极小，而当频率达到太赫兹范围后，波长处于毫米以下量级，就可能带来实际定标体RCS与理论值差别较大。

（2）平面波产生技术

进行室内目标RCS的测量还需要考虑一点，即室内的测量环境。目标RCS的测试必须满足远场条件，即$R \geqslant 2D^2/\lambda$。如果目标尺寸$D=1$ m，在$\lambda=100$ mm（$f=3$ GHz）时，$R \geqslant 20$ m，一般电波暗室可以实现；而当$\lambda=1$ mm（$f=300$ GHz）时，$R \geqslant$ 2 000 m，则无法建造如此大尺寸的电波暗室。所以，在太赫兹频段，室内模拟测量技术的首要关键技术就是太赫兹频段紧缩场（Compact Antenna Test Range，CATR）系统技术。紧缩场系统是一种在微波暗室内近距离将馈源发出的球面波通过光滑的反射面或透镜等设施转换为平面波[95]，形成幅相分布近乎理想的平面波照射区（静区），进而满足等效远场测试要求的系统。目前微波毫米波频段紧缩场测试系统发展相对成熟，国内现有用于室内目标电磁散射模拟测量的紧缩场系统最高频率为110 GHz。

2.3.2　目标散射中心分布特征测量技术

目标散射中心分布特征测量需要雷达系统实现，不同体制雷达系统对目标散射中心分布特征的测量原理和能力也有所不同。常用的目标散射中心分布特征测量雷达体制有线性调频脉冲雷达、频率步进雷达、调频步进雷达几种，各种体制测量原理及其优缺点如下。

（1）线性调频脉冲雷达

早期的脉冲雷达多采用简单的矩形脉冲信号，其距离分辨率取决于脉冲宽度。为了提高雷达的距离分辨率，就必须减小脉冲宽度，但脉冲宽度的减小又将导致同等峰值功率条件下平均功率的降低，从而使得雷达探测目标的作用距离大大缩短。为了解决这一矛盾，有人提出了脉冲压缩的概念。其中，线性调频脉冲信号就是一种目前广泛应用的脉冲压缩信号。线性调频脉冲雷达采用这种信号形式工作，具有更高的距离分辨率和更远的作用距离。

线性调频脉冲雷达的优点在于：具有不同多普勒频移的信号可以用一个匹配滤波器来处理，这将大大简化信号处理系统，原因是匹配滤波器对回波信号的多普勒频移不敏感；另外，线性调频脉冲信号技术比较成熟，信号的产生和处理也较为容易。其缺点在于：系统灵敏度可能会更低，因为这种雷达存在距离与多普勒频移的耦合及匹配滤波器输出旁瓣较高的情况。

（2）频率步进雷达

频率步进雷达又称步进频雷达。这种雷达通过序贯发射多个频率步进脉冲，利用相参脉冲串中各脉冲的载频跳变获得大带宽，其回波信号即为目标的频域响应，通过对脉冲回波信号的逆离散傅里叶变换处理即可实现距离高分辨。频率步进雷达的工作形式决定了它的瞬时带宽很窄，因而在获取高分辨力的同时降低了对系统瞬时带宽和数字信号处理的要求，非常有利于工程实现。频率步进雷达的概念出现得相当早，近些年来则得到了更为广泛的注意和研究，并一直典型地应用于暗室和外场测量目标 RCS 及目标散射中心分布的成像。

频率步进雷达的优点在于：可以抑制折叠杂波，可以解决在杂波较强条件下高速运动小 RCS 目标（如导弹、小型无人机等）的监测问题，对系统硬件（模数/数模变换、接收机、数字信号处理器等）要求不高，波形设计灵活等。频率步进雷达已成为宽带高分辨雷达技术的发展主流。其缺点在于：利用多个窄带脉冲合成的信号形式，积累时间较长，使得其对目标的径向运动比较敏感；目标相对雷达的径向运动使回波相位产生变化，影响成像质量。因此，需要对目标径向运动参数进行精确的估计与补偿。

（3）调频步进雷达

频率步进雷达由于其瞬时带宽较窄，在便于实现的同时，也带来了脉冲积累时间长、数据率低等缺点。要想在保证系统总带宽不变的条件下提高频率步进雷达的数据率，则需要将子脉冲的带宽提高，并降低频率步进的阶数。但这样容易造成发射脉冲宽度的减小，又将导致雷达平均发射功率的降低，进而限制雷达的作用距离。为解决这一矛盾，研究人员又提出了线性调频步进雷达信号这种形式。采用线性调频步进雷达信号形式的雷达即为调频步进雷达。该信号把常规频率步进雷达信号中的单频点子脉冲替换为线性调频子脉冲，保证了雷达的高分辨率和高数据率，同时又降低了对采样率和系统处理带宽的要求，也大大减少了脉冲积累个数和积累时间。调频步进雷达基本的信号处理思想是：首先将调频子脉冲通过一次脉冲压缩形成粗分辨的距离像；然后利用其频率步进特性对粗分辨距离像上的分辨单元进行二次脉压，得到高分辨力的一维距离像。

调频步进雷达的优点在于：有利于提高雷达的最大作用距离，增加了子脉冲的时宽带宽积，同时保持雷达距离分辨率不变；而脉冲积累个数和积累时间的降低，则可以减小相同速度情况下目标运动带来的距离走动和目标伪峰。其缺点在于：相较频率步进雷达，调频步进雷达更为注重雷达系统参数的设计和各种图像拼接方法；仍然存在距离-多普勒耦合现象；在进行二次脉压处理前必须对目标径向运动径向精确补偿，否则将导致合成的扩展目标一维距离像产生距离徙动、波形失真、能量发散，造成距离像分辨率下降、测距精度降低和信噪比损失，严重时将使距离像失去意义。

综上所述，不同形式的宽带雷达成像系统均存在不同的优缺点，考虑到系统的稳定性、高效性及性价比，宽带频率步进雷达成像对于目标电磁散射的计算和测量是较为常规的一种方法。步进信号由一串载频线性跳变的雷达脉冲组成，利用对脉冲回波的逆快速傅里叶变换处理获得高距离分辨率。由于这种信号可以获得距离高分辨率，降低数字信号处理机的瞬时带宽，因此宽带频率步进雷达要比点频雷达应用更为广泛，更多被应用于室内目标电磁散射模拟测量的主测试系统。图 2 - 1 给出了一种基于宽带频率步进体制的室内电磁散射模拟测量系统实物图，工作频段为 Ka 波段。

频率步进雷达系统逆合成孔径雷达成像在微波波段的发展已经非常成熟，然而在太赫兹频段尚有一些问题需要解决，如高频段矢网的发射功率较低、无法获取小 RCS 目标散射中心等。所以，太赫兹频段目标电磁散射模拟测量的另一关键技术为太赫兹频段收发测量系统技术。

另外，进行室内目标电磁散射中心分布特征的测量需要满足远场测试条件，故室内的测量环境也应该被列为考虑因素之一。所以，

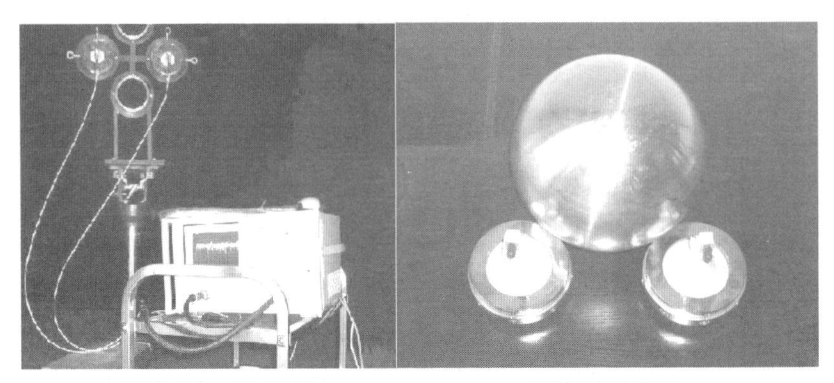

(a)测量仪器与天线连接图　　(b)目标和收发天线

图 2-1　一种室内散射模拟测量的主测试系统

在太赫兹频段，室内目标电磁散射中心分布特征的测量需要太赫兹紧缩场系统的配合。将太赫兹频段收发测量系统技术与太赫兹频段紧缩场技术相结合，才能完成太赫兹频段小 RCS 目标电磁散射模拟测量的任务。

2.4　太赫兹频段目标电磁散射模拟测量关键技术

综合上述现有目标 RCS 和散射中心分布特征的测量技术，以及上述技术在太赫兹频段需要解决的问题，我们可以得到太赫兹频段目标电磁散射模拟测量的关键技术，具体如下。

（1）太赫兹频段定标技术

对于一个给定物体，其散射情况如何与其表面的粗糙度和非导电介质涂层是密切相关的。而这些问题体现在定标体的加工误差、使用和保存不当导致的粗糙涂层及金属氧化膜上。以上影响因素对定标球 RCS 量值的影响与工作波长相关。太赫兹频段的波长较短，定标体的加工误差、使用和保存不当导致的粗糙涂层及金属氧化膜对定标体影响较大，所以需要进一步对太赫兹频段定标技术进行研究。

（2）太赫兹频段紧缩场系统技术

在太赫兹频段，室内模拟测量是目标电磁散射特征测量的重要途径，而室内模拟测量的首要关键技术就是太赫兹频段紧缩场系统技术。目前微波毫米波频段紧缩场测试系统发展相对成熟，太赫兹频段紧缩场系统在国内发展刚刚起步，在频率高于 110 GHz 频段的情况下，国内目前还没有室内紧缩场系统测量条件。由于太赫兹频段波长较短，静区平面波场与测试等相位面不平行或者馈源与反射面焦点位置等误差会严重影响测量结果。因此，太赫兹频段紧缩场系统技术研究及其系统建设成为当前的迫切需求。

（3）太赫兹频段收发测量系统技术

从图 2-1 举例的一种 Ka 波段室内目标电磁散射测量系统可以发现，在微波毫米波波段，室内目标电磁散射特性测量更多使用较为成熟的矢量网络分析仪等通用测量仪器进行目标一维或二维散射中心的成像；而在太赫兹频段，矢量网络分析仪一般会配合扩频模块使用。由于基于扩频原理的矢量网络分析仪的发射功率较低，在 300 GHz 一般只有－17 dBm 左右，难以满足小 RCS 目标测量要求，因此太赫兹频段高功率高灵敏度的收发测量系统设计成为太赫兹频段目标电磁散射模拟测量的关键技术之一。目前太赫兹频段现有的雷达系统大多基于时域光谱，而国内太赫兹频段雷达收发系统频率在 110 GHz 以上的还从未与紧缩场系统结合进行室内目标电磁散射测量，而且国内基于固态电子学 200 GHz 频段收发雷达所用频率都是经成熟的商用矢网产生，依托于现有通用测量仪器完成实验。这种情况测量时间较慢且矢量网络分析仪质量过大。综上，太赫兹频段收发测量系统技术作为太赫兹频段目标电磁散射模拟测量的关键技术之一，需要设计并实现一套高功率高灵敏度的太赫兹频段收发测量系统，并且在系统成像过程中需要对信号加时域门或与太赫兹频段定标技术结合等处理，尽可能抵消背景噪声及目标支撑体对目标电磁散射特性的干扰。

除了上面三个关键技术之外，还有如小目标 RCS 支撑体技术（支撑体 RCS 应远小于目标 RCS 量级）、背景矢量对消技术、距离门技术、目标缩比技术（复杂电参数的电介质等效缩比问题）等。本书依据太赫兹频段室内目标电磁散射模拟测量的技术关键程度，先针对太赫兹频段定标、紧缩场系统和收发测量系统技术开展研究。

根据以上对目标电磁散射模拟测量技术的分析，太赫兹频段目标电磁散射模拟测量的关键技术研究体系如图 2-2 所示。

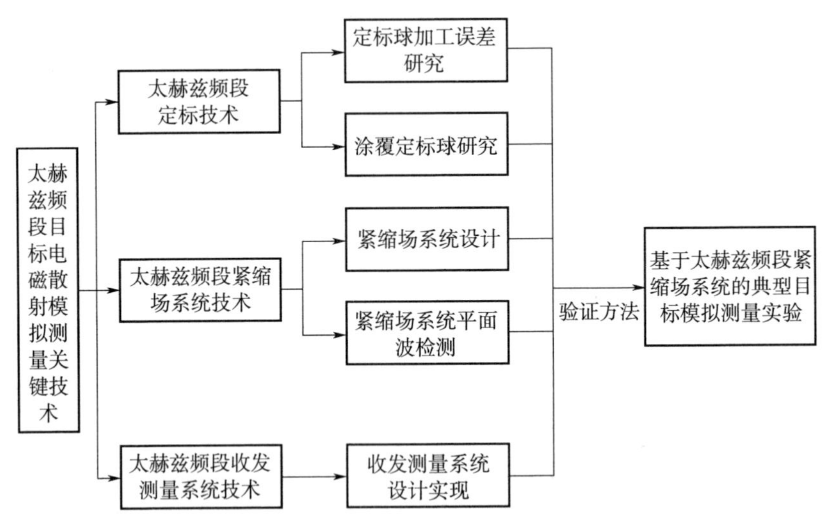

图 2-2　太赫兹频段目标电磁散射模拟测量的关键技术研究体系

针对上述太赫兹频段目标电磁散射测量的三个关键技术，本书将对不规则定标球体的 RCS 特性进行研究，完成太赫兹频段紧缩场系统的设计及收发测量系统的设计。此后本书综合应用以上研究成果，进行基于太赫兹频段紧缩场系统的典型目标模拟测量实验，分别对太赫兹频段定标技术、太赫兹频段紧缩场系统技术和太赫兹频段收发测量系统技术进行实验验证。

本章小结

本章基于现有微波毫米波频段目标电磁散射模拟测量技术的成熟性，开展关于太赫兹频段目标电磁散射模拟测量关键技术的分析和探讨。根据太赫兹频段对比于微波毫米波频段的特殊性，从目标RCS及目标电磁散射中心分布特性的测量两方面提出了太赫兹频段电磁散射模拟测量的三个关键技术：①太赫兹频段定标技术；②太赫兹频段紧缩场系统技术；③太赫兹频段收发测量系统技术。本书后续将对这三个关键技术开展详细的研究，以达成将室内目标电磁散射特性模拟测量的工作频率提高至 300 GHz 的目标。太赫兹频段目标电磁散射模拟测量关键技术的分析为 300 GHz 目标电磁散射模拟测量研究提供了研究方向和理论指导。

第3章　不规则定标球体的 RCS

定标体在目标 RCS 测量计算中具有十分重要的地位，目标 RCS 测试时必须选择一个 RCS 数值精确且数量级相当的定标体，这样才能获得精确的定标和目标 RCS 数据。IEEE 标准 1502—2007 雷达散射截面测试程序推荐实施通则规定，在微波波段，在定标体 RCS 波动范围低于 0.1 dB，系统信噪比高于 20 dB 的前提下定标合成不确定度可达到 0.9 dB，符合微波波段目标散射特性的测试标准。合成不确定度算法如式（3－1）所示：

$$\left(\frac{\Delta\sigma}{\sigma_0}\right)^2=\sum_i\left(\frac{\Delta\sigma_i}{\sigma_0}\right)^2 \tag{3-1}$$

式中　$\Delta\sigma_i$ ——不确定度分量；

$\Delta\sigma$ ——不确定度；

$\sigma_0\pm\Delta\sigma$ ——系统误差。

在 2.4 节我们分析过，对于一个给定物体，其散射情况如何与其表面的粗糙度和非导电介质涂层是密切相关的。而这些问题体现在定标体的加工误差、使用和保存不当导致的粗糙涂层及金属氧化膜上。以上影响因素对定标球 RCS 的量值的影响与工作波长相关。太赫兹频段的波长较短，定标体的加工误差、使用和保存不当导致的粗糙涂层及金属氧化膜对定标体影响较大。所以，在太赫兹波段，需要对定标体 RCS 误差波动范围进行重新定义。

目前常用的不同类型定标体有各自的局限性，如球型定标体一般用于小 RCS 目标体的定标测试，而三面角反射器型定标体 RCS 值较大，但 RCS 易随姿态调整而急剧变化，所以一般用于绝对单站 RCS 定标测试。在实际使用中，由于目标 RCS 大小应与定标体 RCS 大小可比拟，针对实际应用情况，较常用的定标体有球和三面角反射器两种。由于太赫兹频段定标技术尚处于发展阶段，本书先从简单的定标体入手，重点研究各向同性的定标球体的 RCS。针对定标球加工误差、表面不清洁及表面氧化膜导致的定标误差，本章分别通过非理想金属定标球和涂覆金属定标球两种定标球误差类型的 RCS 特性进行仿真及测试研究。

3.1　非理想球体的 RCS

球具有关于球心的对称性，而且球的表面和球坐标系的一个坐标面重合，所以球是第一个可以获得波动方程严格解的形体。在测量任意物体的 RCS 时，均需要一个已知精确 RCS 的定标体进行相对标定，而金属球本身是一个良好的雷达目标，同时又可以作为测量目标 RCS 的参考标准，因此常以标准金属球的 RCS 为标准测量其他物体的 RCS。可见研究金属球定标体的 RCS 具有重要的实际意义[96]。

根据电磁理论，由无源区域时谐波的麦克斯韦方程可以导出电磁场的波动方程：

$$\nabla^2 \boldsymbol{E} + k^2 \boldsymbol{E} = \nabla^2 \boldsymbol{H} + k^2 \boldsymbol{H} = 0 \tag{3-2}$$

式中　$\boldsymbol{E}$ ——电场；

$\boldsymbol{H}$ ——磁场。

电磁场波动方程是一个二阶偏微分方程，它的解可以得出物体的散射场。最简单的三维散射体是金属球体，其散射场的两个分量为

$$E_{\theta}^{s}=\frac{-\mathrm{j}\exp(\mathrm{j}ka)\cos\phi}{kr}\cdot\sum_{n=1}^{\infty}(-1)^{n}\frac{2n+1}{n(n+1)}\cdot\left[b_{n}\frac{\partial P_{n}^{1}(\cos\theta)}{2\theta}-a_{n}\frac{P_{n}^{1}(\cos\theta)}{\sin\theta}\right] \tag{3-3}$$

$$E_{\varphi}^{s}=\frac{\mathrm{j}\exp(\mathrm{j}ka)\sin\varphi}{kr}\cdot\sum_{n=1}^{\infty}(-1)^{n}\frac{2n+1}{n(n+1)}\cdot\left[b_{n}\frac{P_{n}^{1}(\cos\theta)}{\sin\theta}-a_{n}\frac{\partial P_{n}^{1}(\cos\theta)}{2\theta}\right] \tag{3-4}$$

式中 k ——波数，$k=2\pi/\lambda$ ；

θ ——入射方向和散射方向对球心形成的双站角；

ϕ ——散射平面和极化平面间的夹角；

r ——球心到观察点的距离；

a ——球半径；

$P_{n}^{1}(\cos\theta)$ ——n 阶第一类连带勒让德函数，广义的函数定义为

$$P_{n}^{m}(x)=\frac{(1-x^{2})^{m/2}}{2^{n}n!}\cdot\frac{\mathrm{d}^{n+m}(x^{2}-1)^{n}}{\mathrm{d}x^{n+m}} \tag{3-5}$$

所以，其前三阶的值为

$$\begin{cases}P_{0}^{1}(\cos\theta)=0\\P_{1}^{1}(\cos\theta)=\sin\theta\\P_{2}^{1}(\cos\theta)=\dfrac{3}{2}\sin2\theta\end{cases} \tag{3-6}$$

系数为

$$\begin{cases}a_{n}=\dfrac{j_{n}(ka)}{h_{n}^{(1)}(ka)}\\b_{n}=\dfrac{kaj_{n-1}(ka)-nj_{n}(ka)}{kah_{n-1}^{(1)}(ka)-nh_{n}^{(1)}(ka)}\end{cases} \tag{3-7}$$

式中，$h_{n}^{(1)}(x)=j_{n}(x)+jy_{n}(x)$ ，而 $j_{n}(x)$ 和 $j_{n}(x)$ 分别为第一

类和第二类球贝塞尔函数，它们是普通半奇阶贝塞尔函数。

后向散射时，E_{ϕ}^{s} 为零，故金属球雷达散射截面为

$$\sigma=\frac{\lambda^{2}}{\pi}\left|\sum_{n=1}^{\infty}(-1)^{n}\left(n+\frac{1}{2}\right)(b_{n}-a_{n})\right|^{2} \tag{3-8}$$

由式（3-8）可以精确计算 σ 随 ka 的变化情况[97,98]。

3.1.1　粗糙面散射理论

对于一个给定表面，其反射情况与其表面粗糙度是密切相关的，图 3-1 所示为不同表面粗糙度对相同角度入射光波的反射情况。表面粗糙度大小不是绝对的，而是与入射波的波长、角度等有关的量值。光滑表面是服从菲涅尔反射和透射定律的镜面。从实验的角度来看，如果观测到的目标表面反射系数与假设表面为镜面计算所得的值非常吻合，那么就可以认为该表面是光滑表面。其他不服从这一条件的表面可认为是粗糙表面。

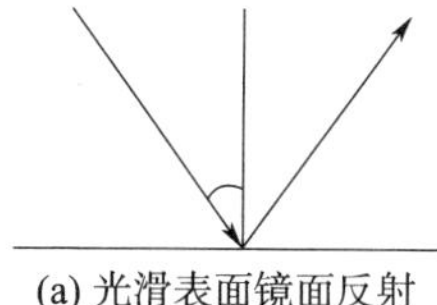
(a) 光滑表面镜面反射

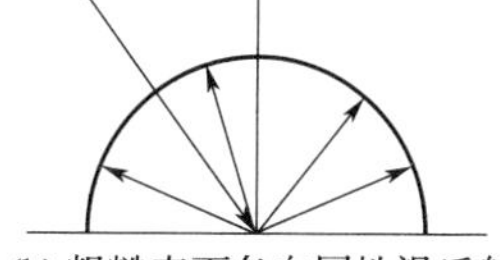
(b) 粗糙表面各向同性漫反射

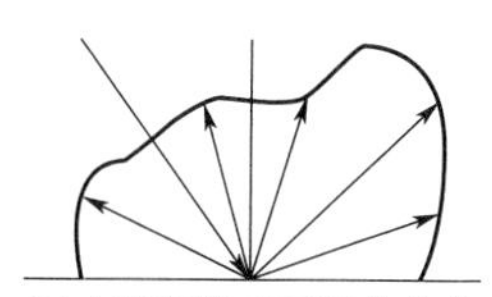
(c)中等粗糙表面部分定向反射，部分漫反射

图 3-1　不同表面粗糙度对入射光波的反射情况

划分表面粗糙度有很多标准，下面是一种表面粗糙度的分类标准：

$$h<\frac{\lambda}{25\cos\theta}\quad \text{光滑表面}$$

$$\frac{\lambda}{25\cos\theta}\leqslant h<\frac{\lambda}{8\cos\theta}\quad \text{中等粗糙表面}$$

$$h \geqslant \frac{\lambda}{8\cos\theta} \quad 粗糙表面$$

式中 h ——待测表面上任意两点的相对高度；

λ ——入射波波长；

θ ——入射角度。

对于用表面高度标准离散差 σ 来表征的随机表面，上面的判据标准可以用 σ 代替 h ，得到新的标准。在实际工程中，不同的波段要求也不同，如在微波波段，波长与表面的高度标准离散差 σ 可以比拟，要建立自然表面的散射特性模型，必须借助夫琅和费判据等更严格的方法[99-101]。

定标球的机械加工误差（一般在几十微米至上百微米量级）对定标球 RCS 的量值影响与波长是相关的。太赫兹波的波长较短，定标球加工误差对 RCS 量值的影响相比微波毫米波要大。根据现有定标球加工工艺，定标球的加工误差主要来源于两个方面：一方面是非理想球体，呈现椭球体，即其长轴与短轴之间的差异在几微米量级；另一方面是球体表面凹凸不平，呈现为凹凸不平的带状槽形条纹，其宽度在毫米量级，深度在几微米量级。另外，由于加工过程中球体处于旋转状态，因此凹凸不平条纹呈一维对称性，并可能有多个条纹。

3.1.2 不规则金属球体散射特性的数值计算方法

电磁场的数值计算方法基于经典的麦克斯韦方程，把电磁波与粗糙面的各种相互作用（如多路径传播、遮挡效应、多次散射、相位干涉等）都考虑在内，理论上讲是一种精确的求解方法，在不规则表面散射的数值计算中发挥着重要作用。按其所求的方程形式，数值算法分为两类，一类基于微分方程，将传播空间离散化。例如时域有限差分法（Finite Difference Time Domain，FDTD）和有限元法（Finite Element Method，FEM），其求解区域需包含目标所在的空间及介质，开放空间的散射问题需考虑吸收边界条件。因此，对粗糙面这类无限扩展目标的散射问题，计算区域的扩大导致离散未知变量相对较大，对计算机内存的需求相当大。另一类是基于积分方程，将散射体表面离散化。例如矩量法（Method of Moments，MoM），它直接求解由麦克斯韦方程组和边界条件导出的关于面感应电流和磁流的积分方程。由于格林函数无需使用吸收边界及对周围空间和介质进行离散，其自动满足辐射条件，求解的未知变量比微分方程法少很多，因此 MoM 在粗糙面散射这种问题的数值模拟中往往占很大的优势，得到了广泛应用。所以，本节的仿真考虑应用 MoM 来求解。然而，粗糙面散射的数值模拟往往需要把相当大范围粗糙面纳入计算考虑，从而在网格划分之后产生比较大的全矩阵方程及较多的求解未知量。矩阵求逆的运算量往往是 $o(N^3)$（N 为未知量的个数），使得传统的 MoM 面临着极大的挑战[102-105]。

MoM 的基本概念是由 Harrington 于 20 世纪 60 年代提出的，随着后来的发展，MoM 在理论上日臻完善，并被广泛地应用于电磁工程领域之中，成为计算电磁学中极为常用的方法之一。下面简述 MoM 的基本原理[106-108]。

已知算子方程：

$$L(f)=g \tag{3-9}$$

式中 L ——线性算子；

f ——待求的未知函数；

g ——已知的源函数或者激励函数。

f 和 g 定义在不同的函数空间 F 和 G 上，线性算子 f 将 F 空间的函数映射到 G 空间上。

除非 L 为非常简单的线性算子，否则想要精确求解方程（3－9）是很困难的。一般来说，为了获得方程（3－9）的数值解，可以采用特定的数值方法。

首先，令 f 在 L 的定义域内展开成某基函数系 f_1，f_2，…，f_n 的线性组合，即

$$L\left(\sum_{n=1}^{N}a_n f_n\right)=g \tag{3-10}$$

式中 a_n ——待求的标量系数；

f_n ——基函数（或展开函数）。

如果 $N\rightarrow\infty$ 且 $\{f_n\}$ 是一完备集合，则式（3－10）是精确的。但是通常在实际求解问题时，$N\rightarrow\infty$ 是绝对不可能达到的，这样 N 就只能取一个尽可能大的有限的值。因此，式（3－10）的右边项是定义在 F 空间的子空间 $F_N=\mathrm{span}\{f_1, f_2, \cdots, f_n\}$ 内函数 f 的近似解。将式（3－10）代入式（3－9），可以得到

$$\sum_{n=1}^{N}a_n L(f_n)=g \tag{3-11}$$

上述方程定义在空间 G 内。为了求解方程（3－11）以确定未知系数 a_n，将式（3－11）在 N 个矢量 w_1、w_2、…、w_m 上进行投影，则式（3－11）可以转化为一个矩阵方程。如果 $N\rightarrow\infty$ 且 $\{w_m\}$ 是一完备集，则此矩阵方程与式（3－11）完全等价；如果 N 是有限值，则此矩阵方程是式（3－9）在 G 子空间 $G_M=\mathrm{span}\{w_1, w_2, \cdots, w_M\}$ 上的投影。上面所述的步骤即为矩量法的基本出发点。w_m 称为权函数或者检验函数。

在矩量法中，矢量 f 在 w 上的投影定义为 f 与 w 的内积，即

$$\langle w, f\rangle=\int \mathrm{d}r\cdot w(r)\cdot f(r) \tag{3-12}$$

因此，实施检验后的方程（3－12）可以写为

$$\sum_{n=1}^{N} a_n \langle w_m, \bar{\bar{L}} \cdot f_n \rangle = \langle w_m, g \rangle \tag{3-13}$$

式中，$m=1, 2, \cdots, N$。

上述方程可以写成矩阵形式：

$$[l_{mn}] [a_n] = [g_m] \tag{3-14}$$

式中：

$$[l_{mn}] = \begin{bmatrix} [w_1, L(f_1)] & [w_1, L(f_2)] & \cdots \\ [w_2, L(f_1)] & [w_2, L(f_2)] & \cdots \\ \vdots & \vdots & \ddots \end{bmatrix} \tag{3-15}$$

$$[a_n] = \begin{bmatrix} a_1 \\ a_2 \\ \vdots \end{bmatrix}, \quad [g_m] = \begin{bmatrix} \langle w_1, g \rangle \\ \langle w_2, g \rangle \\ \vdots \end{bmatrix} \tag{3-16}$$

如果矩阵 $[l_{mn}]$ 是非奇异的，其逆矩阵存在，则 a_n 可由下式求出：

$$[a_n] = [l_{mn}]^{-1} [g_m] \tag{3-17}$$

将式（3-17）求解出的 a_n 代入式（3-10）和式（3-11），可以得到未知函数 f 的解。f_n 和 w_n 的选择决定了此解是精确还是近似。当出现 $f_n = w_n$ 的情况时，这种求解方法称为伽略金（Garlekin）法。

在任何一个特定的问题中，其主要的任务是选择 f_n 和 w_n。f_n 必须是线性无关的，并且使得它们的某种叠加式能够很好地逼近 f。w_n 也应该是线性无关的，并且也应该使得内积 $\langle w_m, g \rangle$ 取决于 g 的相对独立性。所以，如何选择基函数和权函数是矩量法中一个非常重要的问题。影响选择 f_n 和 w_n 的一些其他因素如下：

1）良态矩阵 $\boldsymbol{l}_{mn}$ 的可实现性；

2）能够求逆的矩阵大小；

3）所要求的精度；

4）计算矩阵元素的难易。

在矩量法的计算过程中，基函数的选取对整个计算有很重要的作用，在解题过程中，如果基函数和权函数选取恰当，可以收敛较快，使得误差较小，提高运算的精度。通常有以下几种基函数选取方法[109,110]。

（1）全域基函数

全域基函数就是在算子 L 的定义域内，即待求函数 $f(x)$ 的定义域内都有定义的基函数，比较常用的有勒让德多项式及傅里叶级数等。

（2）分域基函数

分域基函数就是在算子 L 的定义域内相应的子域内才有定义的基函数，其中应用比较广的有 RWG 基函数、脉冲基函数和高阶基函数等。

解线性方程组的方法可分为两类：一类为直接法，另一类为迭代法。因为 MoM 线性方程组的系数矩阵是满阵，如果采用直接法对线性方程组求解，则计算机内存需 $O(N^2)$（N 为未知数的个数），运算量达 $O(N^3)$；如果采用迭代法对线性方程组求解，内存一样需要 $O(N^2)$，而每次迭代的运算量为 $O(N^2)$。内存需求及运算量都过大，严重限制了 MoM 的应用范围，致使 20 世纪 90 年代以前 MoM 仅仅适用于电小尺寸物体。20 世纪 90 年代以后，情况发生了变化，由于 1987 年 Roklin 提出了高效求解亥姆霍兹方程的快速多极子方法（FMM），这种方法可以减少内存需求，加快矩阵与矢量相乘，因此目前 MoM 已经可以计算相当大的电大尺寸物体。关于 FMM 方法，目前已经有侧重于应用的详细阐述，并已成功应用于计算电磁学[111]。

从此，FMM 得到了飞速发展，并被广泛应用于实际目标的电磁特性分析。其中，具有代表性的是1997年，Weng Cho Chew及其小组成功开发了基于多层快速多极子算法（MLFMM）的用来分析电大尺寸目标电磁散射特性的软件FISC（Fast Illinois Solver Code），标志着FMM技术在电磁计算领域的发展进入了实质性的应用阶段[112]。MLFMM是一种用于减少MoM计算复杂度的数值算法。当应用于矢量电磁问题时，MLFMM能快速计算基函数组之间的相互作用；在迭代求解时，该算法能快速计算矩阵与矢量相乘，而且很多矩阵元素也不需要保存。MoM线性系统的快速求解和内存的减少，更好更快地解决了电大尺寸问题的仿真分析。

通常情况下，金属散射体仅需要研究均匀介质区域的表面积分方程[113]。设介质常数为ε和μ，基于矩量法的三维闭合导体目标矢量散射的表面电场积分方程（EFIE）为

$$\hat{\boldsymbol{t}} \cdot \int_S \mathrm{d}S\left[\boldsymbol{J}(\boldsymbol{r}') + \frac{1}{k^2}\nabla' \cdot \boldsymbol{J}(\boldsymbol{r}')\nabla\right] \cdot \frac{\mathrm{e}^{\mathrm{j}kR}}{R} = \frac{4\pi i}{k\eta}\hat{\boldsymbol{t}} \cdot \boldsymbol{E}^{\mathrm{inc}}(\boldsymbol{r}), \boldsymbol{r} \in S \tag{3-18}$$

式中　$\hat{\boldsymbol{t}}$——散射体表面任意单位切向量；

$\boldsymbol{J}(\boldsymbol{r}')$——表面电流密度，是未知量；

$\boldsymbol{E}^{\mathrm{inc}}(\boldsymbol{r})$——含已知入射电场的激励项。

表面磁场积分方程（MFIE）为

$$2\pi\boldsymbol{J}(\boldsymbol{r}) - \hat{n} \times \nabla \times \int_S \mathrm{d}S g(\boldsymbol{r}, \boldsymbol{r}')\boldsymbol{J}(\boldsymbol{r}') = 4\pi\hat{\boldsymbol{n}} \times \boldsymbol{H}^{\mathrm{inc}}(\boldsymbol{r}) \tag{3-19}$$

式中　$\hat{\boldsymbol{n}}$——散射体表面单位法向矢量；

$\boldsymbol{H}^{\mathrm{inc}}(\boldsymbol{r})$——已知入射磁场激励项；

$g(\boldsymbol{r}, \boldsymbol{r}') = \mathrm{e}^{\mathrm{j}k|\boldsymbol{r}-\boldsymbol{r}'|}/|\boldsymbol{r}-\boldsymbol{r}'|$——标量格林函数。

混合场积分方程是电场积分方程和磁场积分方程的线性组合，可以用来加快收敛并能有效地解决处于内谐振频率时的稳定性和收

敛性问题。其表达式可写为[114]

$$\mathrm{CFIE}=\alpha\,\mathrm{EFIE}+\frac{i}{k}(1-\alpha)\,\mathrm{MFIE} \tag{3-20}$$

式中 α——加权因子，根据实际情况可选择 0～1 的任何数。

MLFMM 算法需要结合球面波的加法定理处理积分方程中的 Green 函数，由此可将表面积分方程转化为

$$\sum_{i=1}^{N}Z_{ji}a_i=\sum_{n\in G_N}\sum_{i\in G_N}Z_{ji}a_i+\frac{ik}{4\pi}\int \mathrm{d}^2\hat{k}\,\mathbf{V}_{fmj}(\hat{k})\times \sum_{n\in GF}\alpha_{mn}(\hat{r}_{mn}\hat{k})\sum_{n\in G_N}\mathbf{V}_{smi}(\hat{k})\,a_i,\ j\in G_m \tag{3-21}$$

式中 α_{mn}——转移因子；

G_N 和 G_F——来自该组的近区组和远区组的贡献；

$\mathbf{V}_{smi}(\hat{k})$ 和 $V_{fmj}(\hat{k})$——聚合因子和解聚因子。

α_{mn} 具体表达为

$$\alpha_{mn}(\hat{r}_{mn}\hat{k})=\sum_{l=0}^{L}i^{l}(2l+1)\,h_l^{(1)}(kr_{mn})\,P_l(\hat{r}_{mn}\hat{k}) \tag{3-22}$$

式中 L——多级子模式数；

$h_l^{(1)}(kr_{mn})$ 和 $P_l(\hat{r}_{mn}\hat{k})$——第 1 类 l 阶球汉克尔函数和第 l 阶勒让德多项式。

该算法对待求解散射体表面进行几何网格划分，得到其各子散射体组。由表面积分方程可知，FMM 方法根据各组中心间距离将两组关系分为近区组和远区组，近区组采用 MoM 计算，远区组采用聚合、转移、解聚的步骤实现矩矢相乘的求解。

MLFMM 算法是 FMM 算法在多层分组结构上的改进，逐层进行聚合、转移、解聚。多层聚合是对子层各个方向上的角谱分量插值，从而求得父层的聚合量；多层解聚过程与之相反，其插值矩阵为多层聚合过程插值矩阵的转置矩阵。对传统的 MLFMM 算法，在

最细层，模式数 L 由以下公式计算：

$$L = kD_{\max} + 1.8\ (d_0)^{2/3}\ (kD_{\max})^{1/3} \tag{3-23}$$

式中　d_0——计算精度。

采用八分法进行分组，模式数 L 由最细层向粗层逐层以 2 倍递增，此时角谱空间积分样点 $K = 2L^2$ 以 4 倍递增。

经过多层快速多极子处理，原来的积分方程求解变为线性代数方程组的求解问题，采用迭代方法中的共轭梯度算法来求解该方程组，收敛误差限一般为 0.01[115]。

根据现今已有的技术对太赫兹频段目标散射特性模拟仿真出现的问题可知，实际目标的电大尺寸和粗糙表面为这一问题的解决带来了巨大的困难。对于复杂电大尺寸目标的散射特性求解而言，通过几何建模得到的目标数值模型的形式决定了电磁计算的方法与效率。因此，我们需要依据目标的几何建模方式，考虑不同的计算条件和对象，并且采用相应的计算方法来完成对太赫兹频段目标散射特性的计算。

3.1.3　仿真计算结果及分析

考虑 3.1.1 节提到的定标球加工误差导致的带状槽形条纹椭球体对定标球 RCS 的影响，以及目前仿真软件的计算能力和计算机的配置，我们在此基础上，针对几种不同的情况，利用三维电磁仿真软件 FEKO 中的 MoM+MLFMM 算法对定标球模型进行仿真。

参数设置如下：工作频率 $f = 300$ GHz，定标球长半轴 $a = 10$ mm，短半轴 $b = (10 - d)$mm，d 即代表椭球体长短半轴差，在此 d 取值范围分别为 0～10 μm。对于有凹凸不平带状槽形条纹的情况，条纹宽度 w 分别取 1～2 mm，条纹深度 h 分别取 1～10 μm，条纹数量 n 分别取 0（无条纹）、1、3、5。图 3-2 为仿真研究的定标球模型，仿真参数如表 3-1 所示。

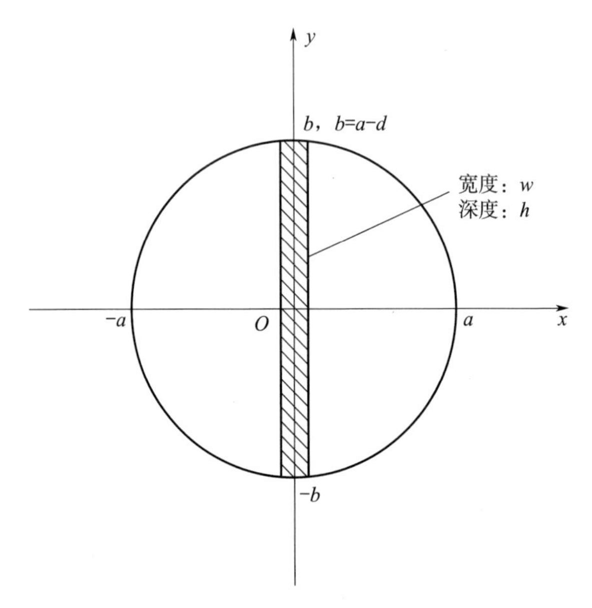

图 3-2 仿真定标球模型

表 3-1 非理想球体 RCS 仿真参数（工作主频 300 GHz）

长短半轴差 d/μm	条纹数量 n	条纹宽度 w/mm	条纹深度 h/μm	扫描检测内容/dBsm
0～10，$\Delta d=1$ μm	0、1、3、5	2	5	$-y\sim -x$，0°～90° 球体单站 RCS
3	1、3、5	1～2，$\Delta w=0.1$ mm	5	$-y\sim -x$，0°～90° 球体单站 RCS
3	1、3、5	2	1～10，$\Delta h=1$ μm	$-y\sim -x$，0°～90° 球体单站 RCS
3	0、1、3、5	2	5	$-y\sim -x$，0°～90° 球体单站 RCS

首先建立标准的金属球模型，然后改变球径、条纹的宽度和深度来探求影响因素。定义理想球体的单站 RCS 真值为 σ_0。定标球建模取 $a=b=10$ mm，$w=h=0$。根据定标球的旋转对称性，考察入射场入射方向为 $-y \sim -x$（90°范围）即可代表空间任一入射场方向。通过理论计算得到理想球体单站 RCS 的真值为 $\sigma_0 = 10\log\pi a^2 = -35.02$ dBsm 。以下选取有代表性的仿真曲线作为考察。

1）对椭球体长短半轴差的考察。在无带状槽形条纹的状态下，椭球体长短半轴差分别为 1、2、5、10 μm 时的单站 RCS 如图 3-3 所示。

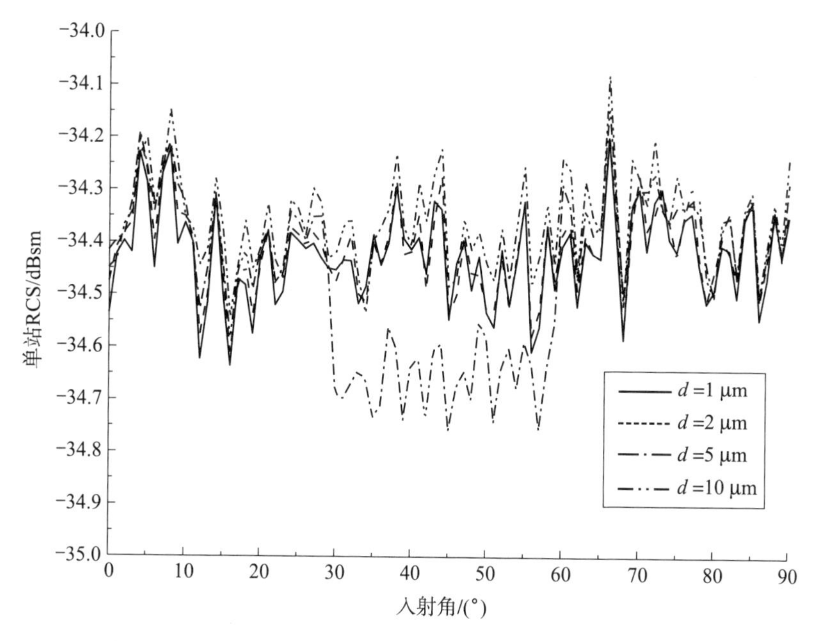

图 3-3　无带状槽形条纹椭球体定标球单站 RCS 仿真结果

图 3-3 中，横坐标代表入射波的入射角度，纵坐标代表入射角度方向的单站 RCS。从仿真结果来看，椭球体单站 RCS 随着入射波的入射角度呈现无规律的波动态势，不同角度的波动范围不超过

±0.5 dB，当 $d \leqslant 5\ \mu m$ 时波动范围小于±0.25 dB。入射角度相同的情况下，随着长短半轴差 d 的增大，单站 RCS 的波动相对更加剧烈，波动幅度约为±0.05 dB，可以认定为几乎没有波动。

在存在带状槽形条纹的情况下，椭球体长短半轴差分别为 1、2、5、10 μm，条纹数量分别为 1 个、3 个和 5 个时，仿真结果如图 3-4～图 3-6 所示。其中，控制条纹的宽度 w 为 2 mm，深度 h 为 5 μm。

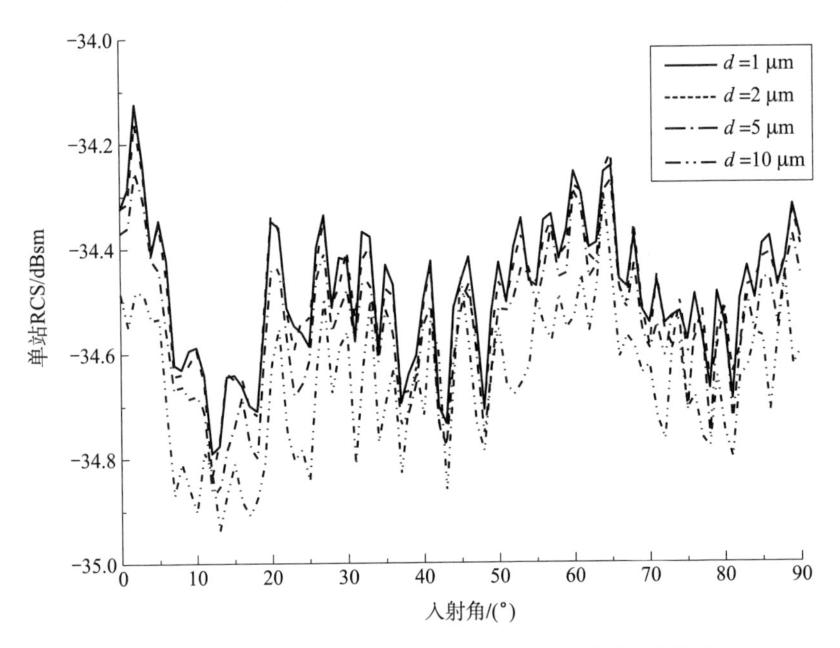

图 3-4　椭球体定标球单站 RCS 仿真结果（带状槽形条纹数量=1）

其中，横坐标代表入射波的入射角度，纵坐标代表入射角度方向的单站 RCS。从仿真结果来看，在存在带状槽形条纹情况下，金属球长短半轴差变化不会影响 RCS 随入射角度变化的趋势，在极值点处波动的幅度会有变化，但 RCS 波动范围一般≤±0.5 dB，当长短半轴差 $d \leqslant 5\ \mu m$ 时 RCS 波动范围≤±0.25 dB，可见金属球长短半轴差变化对金属球单站 RCS 的影响相对较弱。

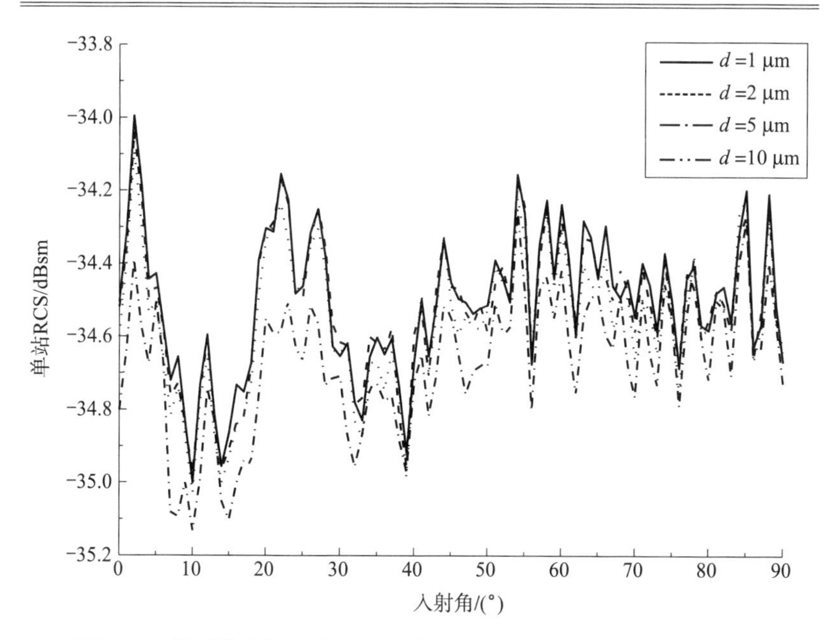

图 3 - 5　椭球体定标球单站 RCS 仿真结果（带状槽形条纹数量=3）

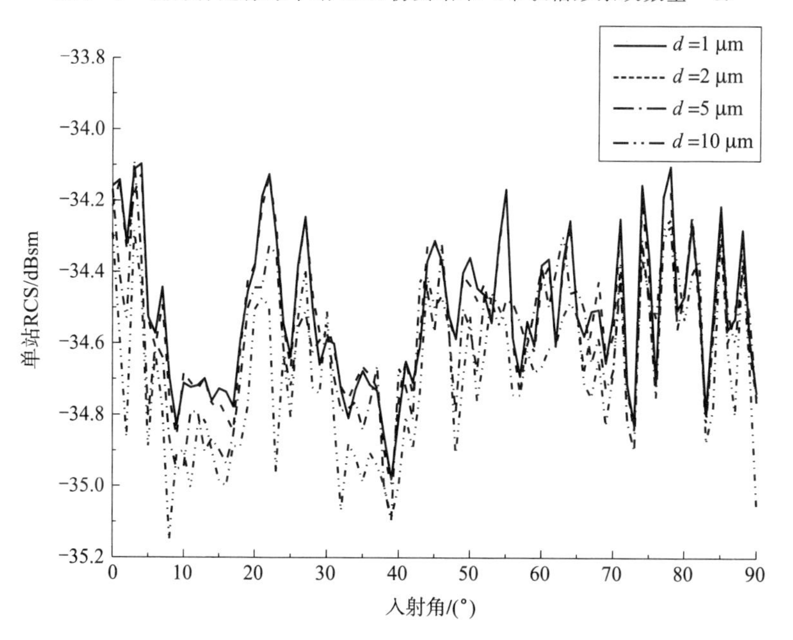

图 3 - 6　椭球体定标球单站 RCS 仿真结果（带状槽形条纹数量=5）

2）对带状槽形条纹宽度 w 的考察。当条纹数量分别为1个、3个和5个时，仿真结果如图3-7～图3-9所示。其中，控制条纹深度 h 为5 μm，长短半轴差 d 为3 μm。

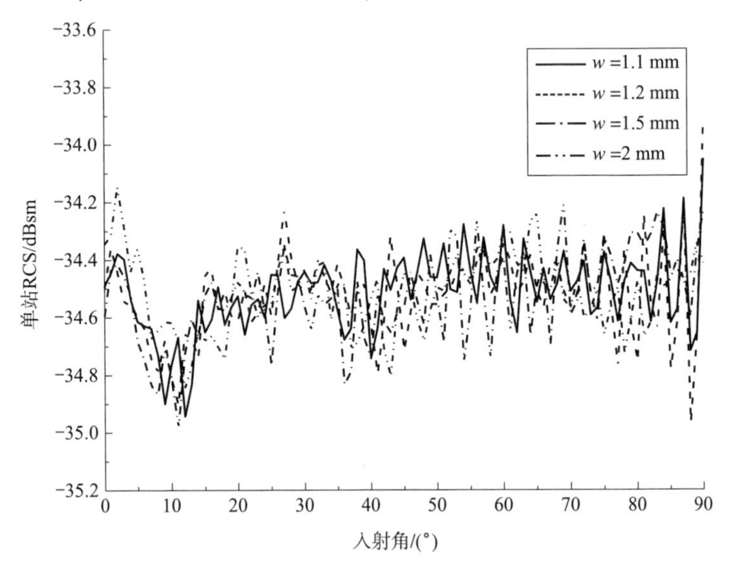

图3-7 带状槽形条纹宽度变化定标球单站RCS仿真结果（带状槽形条纹数量=1）

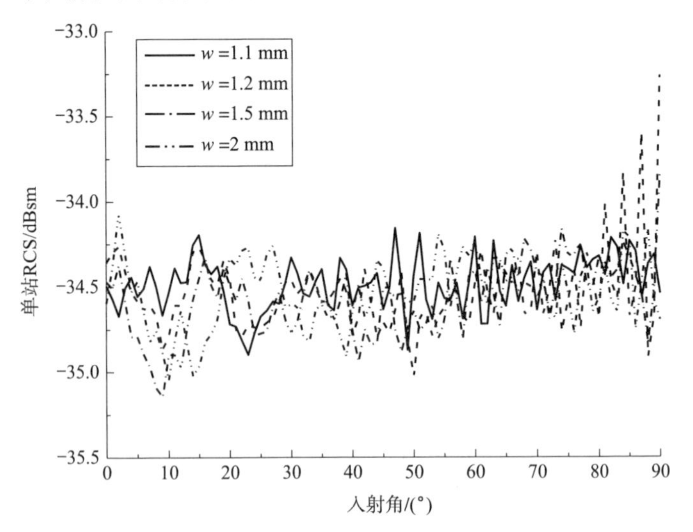

图3-8 带状槽形条纹宽度变化定标球单站RCS仿真结果（带状槽形条纹数量=3）

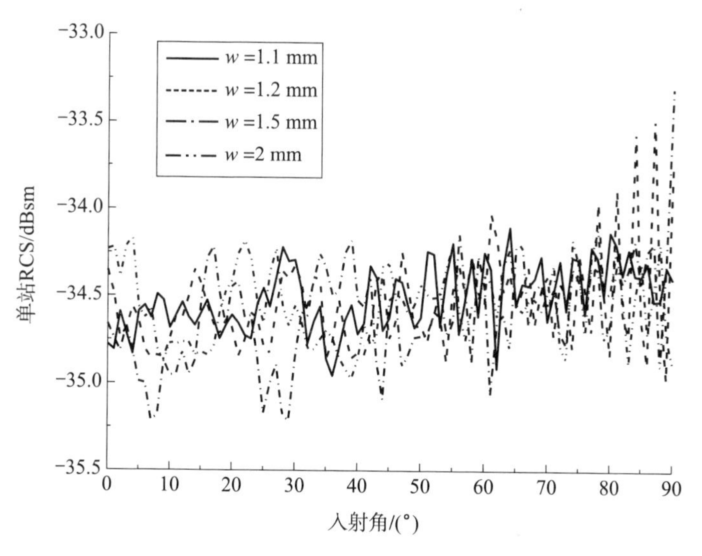

图 3-9　带状槽形条纹宽度变化定标球单站 RCS 仿真结果（带状槽形条纹数量=5）

其中，横坐标代表入射波的入射角度，纵坐标代表入射角度方向的单站 RCS。从仿真结果来看，条纹宽度变化对金属球单站 RCS 的影响最剧烈，波动范围在入射角度垂直于带状槽形条纹时超过 ±1 dB，且波动无规律，其他情况下 RCS 波动范围均⩽±0.5 dB，仅当条纹宽度 $w \leqslant 1.2$ mm 时 RCS 波动范围⩽±0.25 dB。但由于其他条件变化为 μm 量级，而条纹宽度变化为 0.1 mm 量级，因此波动剧烈属于正常现象。

3）对带状槽形条纹深度 h 的考察。当条纹数量分别为 1 个、3 个和 5 个时，仿真结果如图 3-10～图 3-12 所示。其中，控制条纹宽度 w 为 2 mm，长短半轴差 d 为 3 μm。

其中，横坐标代表入射波的入射角度，纵坐标代表入射角度方向的单站 RCS。从仿真结果来看，带状槽形条纹深度变化不会影响 RCS 随入射角度变化的趋势，在极值点处波动的幅度会有变化，但

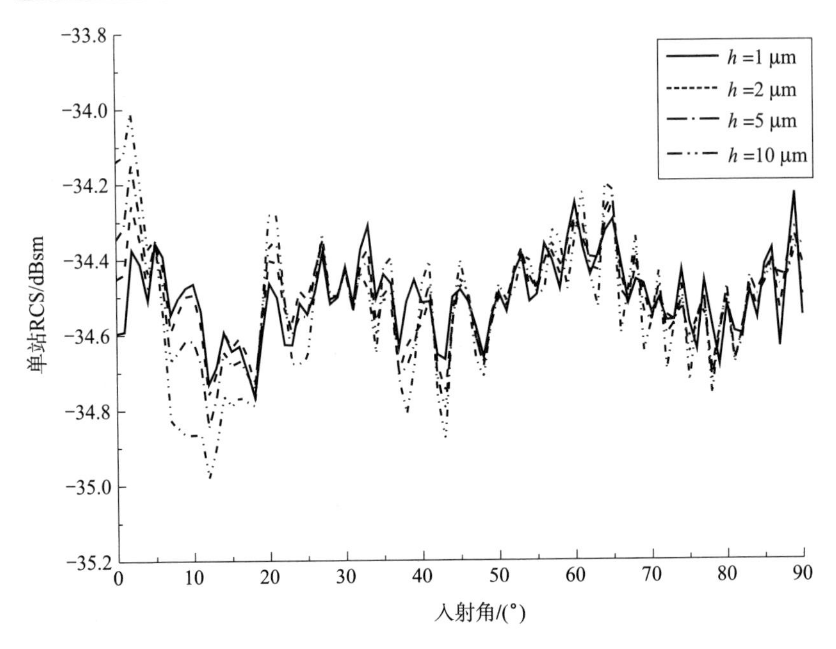

图 3-10　带状槽形条纹深度变化定标球单站 RCS 仿真结果（带状槽形条纹数量=1）

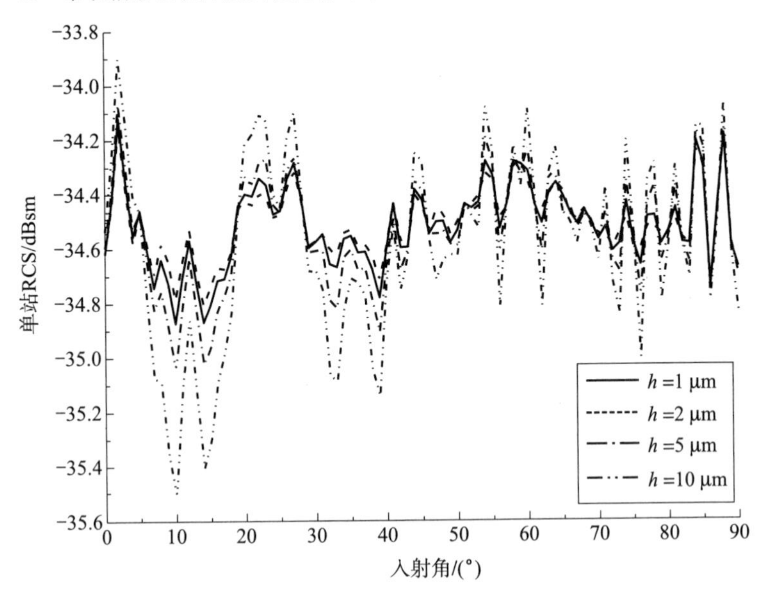

图 3-11　带状槽形条纹深度变化定标球单站 RCS 仿真结果（带状槽形条纹数量=3）

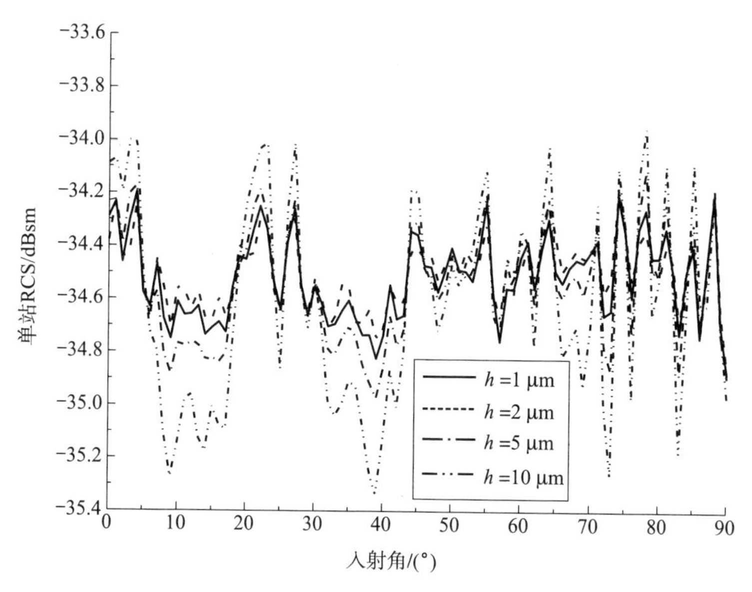

图 3-12　带状槽形条纹深度变化定标球单站 RCS 仿真结果（带状槽形条纹数量=5）

波动范围一般不超过±0.5 dB，当条纹深度 $h \leqslant 5\ \mu m$ 时 RCS 波动范围≤±0.25 dB，可见条纹深度变化对金属球单站 RCS 的影响相对较弱。

4）对带状槽形条纹数量的考察。其仿真结果如图 3-13 所示。其中，控制条纹宽度 w 为 2 mm，条纹深度 h 为 5 μm，长短半轴差 d 为 3 μm。

其中，横坐标代表入射波的入射角度，纵坐标代表入射角度方向的单站 RCS。从仿真结果来看，在半轴差、带状槽形条纹的宽度和深度保持不变的状态下，条纹的数量越多，单站 RCS 的波动越剧烈，但是波动范围还是基本在±0.5 dB 之内。

通过以上的仿真结果来看，根据 IEEE 标准 1502—2007 雷达散射截面测试程序推荐实施通则规定的定标体 RCS 波动范围低于 0.1 dB 的标准，在 300 GHz 频段的情况下，只有当定标球是光滑金

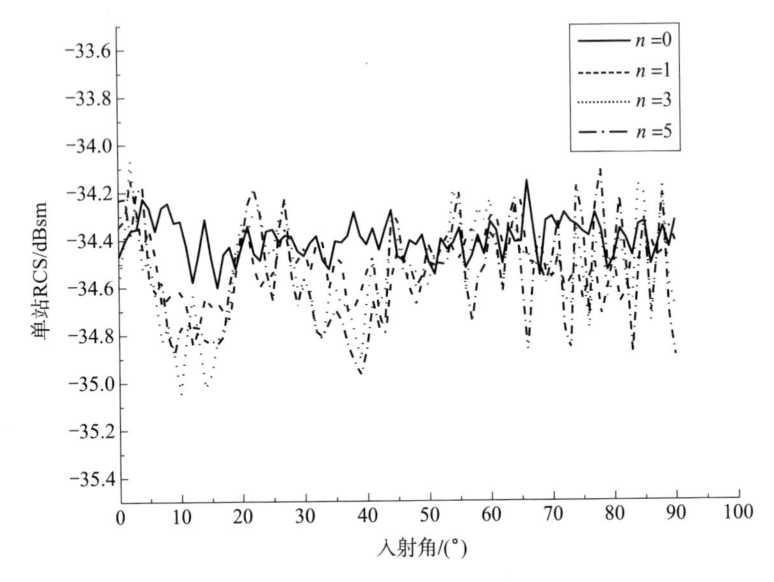

图 3－13　带状槽形条纹数量变化定标球单站 RCS 仿真结果

属球体，否则 RCS 波动低于 0.1 dB 是无法达成的。当长短半轴差和条纹深度变化低于 1 μm，条纹宽度大于 1 mm 时，波动也会大于 0.1 dB。在太赫兹频段测试信噪比高于 23 dB 的情况下，当合成不确定度为 1 dB 时，按照式（3－1）计算定标体 RCS 的波动范围可放宽至 0.587 dB。所以，当定标球 RCS 波动范围在低于±0.25 dB 时即可满足目标特性测试条件效果。而当定标球 RCS 波动范围低于±0.5 dB 时，同样的暗室屏蔽效能环境测试合成不确定度为 1.11 dB。

根据以上的定标球 RCS 误差控制标准，非理想金属定标球长短半轴差、条纹宽度、条纹深度、条纹数量的仿真结果符合目标特性测试条件的范围，如表 3－2 所示。

表 3-2　非理想球体 RCS 仿真结果（工作主频 300 GHz）

定标球 RCS 波动范围/dB	长短半轴差 d/μm	条纹数量 n	条纹宽度 w/mm	条纹深度 h/μm	定标合成不确定度/dB
≤±0.25	≤5	≤3	≤1.2	≤5	1
≤±0.5	≤10	≤5	≤1.6	≤10	1.11

从以上对非理想金属定标球长短半轴差、条纹宽度、条纹深度、条纹数量的仿真结果可以得出，影响金属定标球体最严重的误差部分为带状槽形条纹的宽度。宽度变化为定标体 RCS 带来的波动约为±1 dB，且为无规律的波动，仅当定标球条纹宽度小于 1.2 mm 时满足±0.25 dB 的波动，小于 1.6 mm 时满足±0.5 dB 的波动。RCS 随条纹宽度变化波动较大的原因之一是条纹宽度的变化量级为 1/10 mm 级，而条纹深度和长短轴差的变化量级为 1/1 000 mm 级。条纹深度和长短轴差的变化对定标体单站 RCS 随入射角度的变化趋势（σ/θ_i）没有影响，只有变化量的不同。另外，10 μm 的条纹深度与长短半轴差变化带来的 RCS 变化范围也在±0.5 dB 以内，二者变化量低于 5 μm 时满足 RCS 小于±0.25 dB 波动的最优值。总体来说，加工误差对定标球单站 RCS 影响相对较小，在加工过程中应尽量规避带状槽形条纹数量和宽度造成的影响，测量过程中应注意良好保存和规范使用。

3.2　涂覆金属球体的 RCS

在众多的金属材料中，铝和铝合金材料具有易于加工、可塑性好、强度较高、导电导热性优良、密度较小等特性，目前已广泛地应用于军事领域和民用领域，包括航空航天、建筑、医疗、船舶、汽车等。因此，常见的微波波段实物定标球一般以铝球居多。但是，铝制品易被腐蚀且材质较软，易磨性差，在定标球的保存和使用过程中容易出现用手直接接触定标球或者是定标球暴露在空气中的情况，这样容易造成定标球表面出现不清洁及存在氧化涂层的情况，导致金属定标球出现定标误差。针对上述现象，需要对涂覆金属球体 RCS 特性进行研究。由于定标球不清洁和氧化两种情况造成的涂覆金属球体表面的涂覆材料不均匀，导致涂覆材料的厚度和电参数各不相同。涂覆材料的电参数包括相对介电常数和损耗角正切。相对介电常数与波长有关，波长大小会影响定标球的 RCS 值；损耗角正切是影响入射损耗和散射损耗的参数，同样与定标球 RCS 有关。在本书中，探究太赫兹频段涂覆材料厚度和电参数对定标体电磁散射特性的影响，需要通过多次改变二者参数进行分析。研究过程和仿真结果对定标球因使用和保存不当造成的不清洁及表面氧化层误差控制有一定的指导意义和参考价值[116,117]。

3.2.1 太赫兹频段光滑金属球的散射特性

3.1 节给出了理想球体雷达截面的经典电磁解法。由于球的对称性，其单站 RCS 与视角无关，它仅随球的电尺寸变化。式（3-8）得到的波动方程的严格解如图 3-14 所示[98]。

低频区、谐振区和高频区可通过 σ 随 ka 的变化区分。当 $ka<1$ 时，σ 随 ka 单调增加，当 $ka\approx 1$ 时达到极大值 $\sigma_{\max}=3.63\pi a^2$，该部分为低频区；在 $ka>1$ 以后，σ 随 ka 的增加围绕 πa^2 振荡，且振荡幅度越来越小，该部分为谐振区；在 $ka>10$ 之后，σ 趋近于几何光学值 $\sigma_0=\pi a^2$，该部分为高频区。σ 随 ka 的变化可解释为镜面反射与爬行波绕射之间的干涉现象。环绕球背面的爬行波同样也可以产生朝雷达方向的回波，该回波比镜面反射波多传播一段路程 $(\pi+2)a$ 。

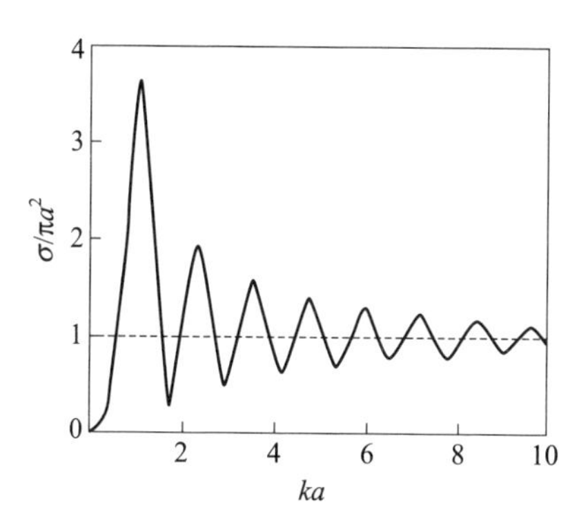

图3-14　金属球的雷达截面随电尺寸的变化

由此可知，减幅干涉图样在 ka 空间内的峰-峰间距出现在路径差为单倍波长，即相位差 $\Delta\varphi = \Delta[k(\pi+2)a] = 2\pi$，由此可得 $\Delta(ka) = 2\pi/(2+\pi) \approx 1.2220$。图3-14中峰值的间距测量真实值为 $\Delta(ka)=1.2101$，与1.2220接近。由此可知球的尺寸越大，爬行波散射的贡献就越弱，原因是爬行波的能量损失正比于爬行路径 $k\pi a$。因此，干涉图样的振荡幅度越来越小并趋于 $\sigma_0 = \pi a^2$。

300 GHz频段波长为1 mm，3.1节的仿真模型直径 $l/\lambda = 20$，已属电大尺寸的范围。另外，常用−15 dBsm金属定标球直径可达到 $l/\lambda = 200$，可视为 $\sigma_0 = \pi a^2$。

3.2.2　金属球体表面涂层的散射特性

在较早的太赫兹时域测量技术研究中，实验人员已通过发射太赫兹窄脉冲信号测量了介质球与圆柱的时域散射特征信号，并用PO模型进行了解释。根据3.1节给出的任意材料光滑球的精确级数解，我们可以基于散射解分析涂覆材料光滑球的散射特征和散射规律。由于太赫兹频段目标材料特性参数的缺乏，直到目前人们对所有材料在太赫兹频段的特性的认识也相对匮乏，很难给出材料准确的电参数。近年来，THz－TDS测量技术的发展为太赫兹频段材料特性参数获取提供了有力的支撑[118-121]。

影响雷达截面大小的因素有很多，需要研究不同表面材料特性金属样品在太赫兹频段的电磁散射特性，推演太赫兹频段目标表面电磁散射特性与目标表面材料特性的连带关系，揭示太赫兹频段的雷达散射截面的影响因素，从而研究在太赫兹频段对目标雷达截面减缩的方法[122-125]。假设金属表面介质涂层材料的厚度是 d，相对介电常数是 ε_r，相对磁导率是 μ_r，电磁波入射角是 θ_i。那么根据传输线理论，可得导体表面的归一化输入阻抗

$$Z_{\mathrm{in}}=\sqrt{\frac{\mu_r}{\varepsilon_r}}\tan(\beta d) \tag{3-24}$$

式中　$\beta=k\sqrt{\mu_r\varepsilon_r-\sin^2\theta_i}$，其中 k 为自由空间的波数。

定义表面等效复反射系数 $\Gamma=(Z_{\mathrm{in}}-Z_0)/(Z_{\mathrm{in}}+Z_0)$ 的极化形式，$\Gamma_\perp$ 为 $E_r^\perp/E_i^\perp$，$\Gamma_{//}$ 为 $E_r^{//}/E_i^{//}$，则

$$\Gamma_\perp=\frac{\eta_\perp\cos\theta_i-1}{\eta_\perp\cos\theta_i+1},\Gamma_{//}=\frac{\eta_{//}-\cos\theta_i}{\eta_{//}+\cos\theta_i} \tag{3-25}$$

这里

$$\eta_\perp=j\frac{\mu_r k\tan(\beta d)}{\beta},\eta_{//}=j\frac{\beta\tan(\beta d)}{\varepsilon_r k} \tag{3-26}$$

引入图3－15的局部坐标系，可以得出如下关系式[122]：

$$\hat{e}_\perp=\hat{i}\times\hat{n}/|\hat{i}\times\hat{n}|,\hat{e}_{//}=\hat{i}\times\hat{e}_\perp,\hat{i}=\hat{e}_\perp\times\hat{e}_{//} \tag{3-27}$$

那么涂覆介质金属小面元的单站RCS平方根表达式为

$$\sqrt{\sigma}=-\frac{\mathrm{e}^{2jkr_0\cdot\hat{i}}}{2\sqrt{\pi}\tan\theta}[(\hat{e}_\perp\cdot\hat{e}_i)^2\Gamma_\perp+(\hat{e}_{//}\cdot\hat{e}_i)^2\Gamma_{//}]\cdot$$

$$\sum_{n=1}^{N}(\hat{e}_\perp\cdot a_n)\mathrm{e}^{2jk\hat{i}\cdot r_n}\frac{\sin(k\hat{i}\cdot a_n)}{k\hat{i}\cdot a_n} \tag{3-28}$$

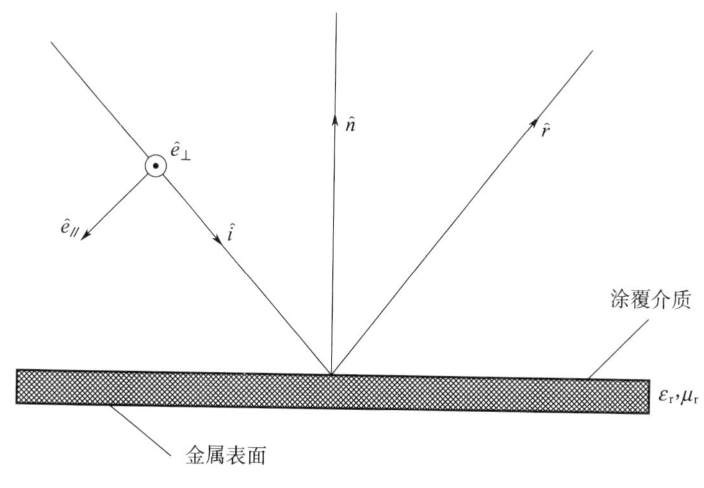

图 3-15 涂覆介质金属表面电场分布

3.2.3 仿真计算结果及分析

3.2 节引言提到涂覆金属球体 RCS 特性研究的原因是定标球表面出现不清洁及存在氧化层的情况。在一般情况下，氧化层是球面全覆盖的，不清洁可能是球面局部。为了加严考察，并且将氧化层与不清洁物覆盖统一考虑，本书将考察基于光滑金属球的均匀全涂覆情况，考察的内容为涂覆金属球体单站 RCS 的波动量级。

从理论分析可以看出金属球在尺寸形状相同的前提下，涂覆介质材料后的 RCS 与工作频率、介质层结构参数（如厚度等）及介质本身的电参数（包括涂覆材料的介电常数和损耗角正切）均有密切联系。

建立金属球体散射体模型，半径 $a=10$ mm，金属球外部加介质材料，主要对工作频率、介质的厚度、介质的相对介电常数和损耗角正切四个参数进行研究。观察每个参数对金属球定标体单站 RCS

的影响[126]。介质以氧化铝为基础（ε_r = 9.3～11.3，仿真定为9.3，$\tan\delta$=0.007），频率 f=300 GHz，厚度 d=0.01 mm，每次只变化一个参量。涂覆金属球体RCS仿真参数如表3-3所示。仿真结果如图3-16～图3-19所示，其中图3-18和图3-19中参数 d 为涂覆介质厚度。

表3-3 涂覆金属球体RCS仿真参数

工作频率/GHz	介质厚度 d/mm	介质相对介电常数 ε_r	介质损耗角正切 $\tan\delta$	扫描检测内容/dBsm
290～310，$\Delta f=2$	0.01	9.3	0.007	球体单站RCS
300	0～0.1，Δd=0.01	9.3	0.007	球体单站RCS
300	0.01，0.02，0.05	9.3～11.3，$\Delta\varepsilon_r$=0.2	0.007	球体单站RCS
300	0.01,0.02,0.05	9.3	0～0.01，$\Delta\tan\delta$=0.001	球体单站RCS

其中，频率从290 GHz增加到310 GHz，步进为2 GHz；介质的厚度从0.01 mm增加到0.1 mm，步进为0.01 mm；介质相对介电常数从9.3增加到11.3，步进为0.2；介质损耗角正切从0增加到0.01，步进为0.001。

按照3.1节的分析，太赫兹频段定标球RCS在满足±0.25 dB的波动范围即可认为是满足目标特性测试的效果。从仿真结果中可以明确看出，随着工作主频的变化，涂覆金属球RCS的变化呈波动状态，没有一定规律，但在290～310 GHz金属球RCS波动范围均在±0.25 dB。

随着介质厚度增加，金属球RCS呈线性下降相对剧烈，当涂覆

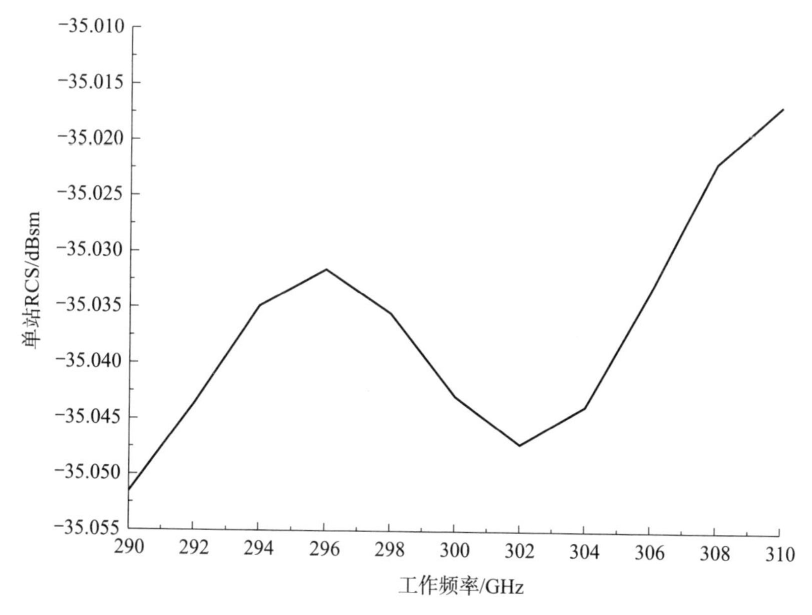

图 3-16　涂覆金属球体单站 RCS 随工作频率变化仿真结果

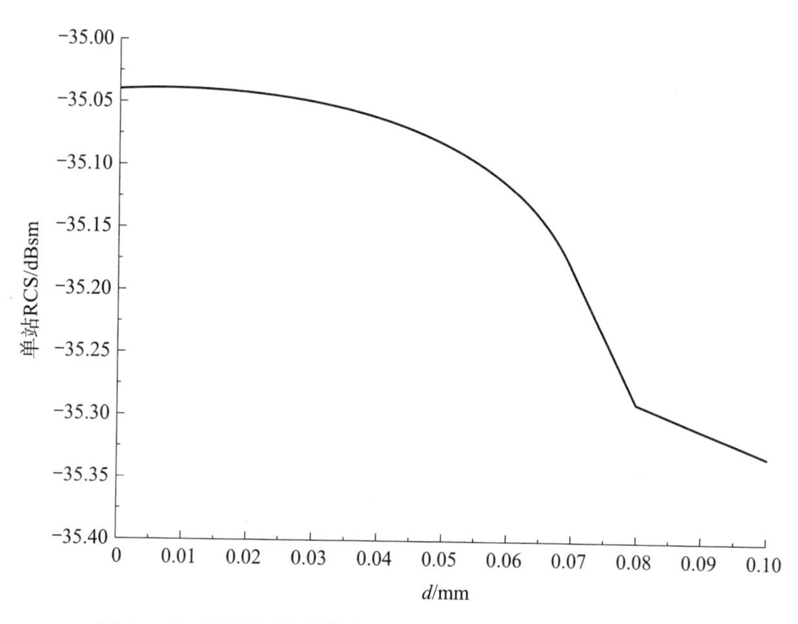

图 3-17　涂覆金属球体单站 RCS 随介质厚度变化仿真结果

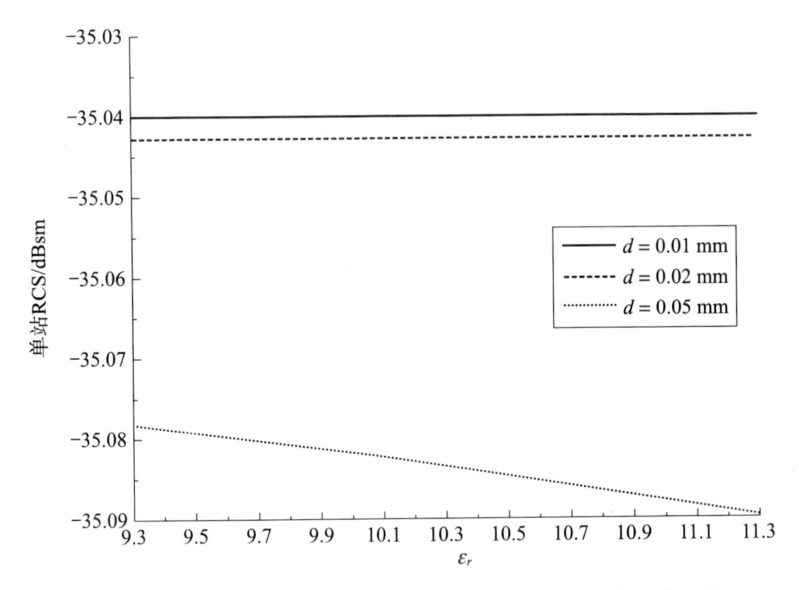

图 3-18　涂覆金属球体单站 RCS 随介质相对介电常数变化仿真结果

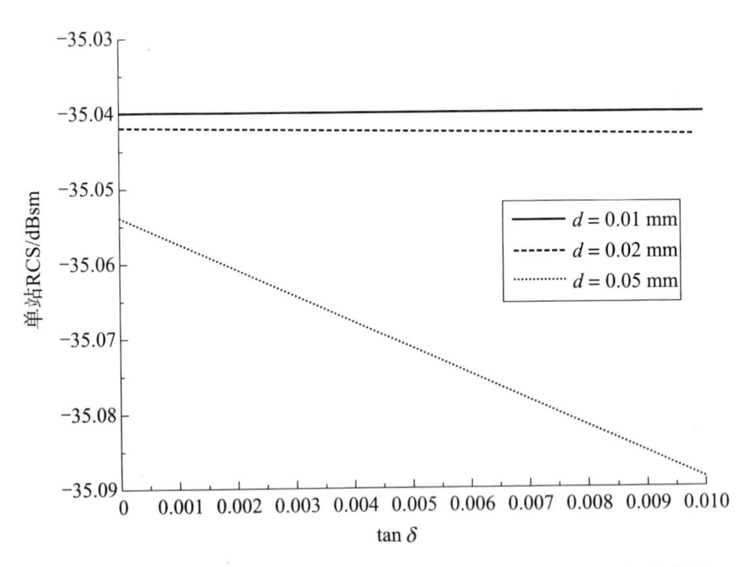

图 3-19　涂覆金属球体单站 RCS 随介质损耗角正切变化仿真结果

介质厚度较小时，RCS 变化相对较小，涂覆介质厚度较大时，RCS 变化相对较大，在涂覆介质厚度小于 0.1 mm 范围内，金属球 RCS 在±0.25 dB 范围内，但从曲线趋势可以预见当涂覆介质厚度大于 0.1 mm 时，RCS 会超出该范围。

随着介质相对介电常数和损耗角正切增加，金属球 RCS 呈线性缓慢下降。而当金属球介质厚度越厚的情况下，金属球 RCS 随着介质相对介电常数和损耗角正切变化而变化的幅度也越大。从 RCS 数值来看变化相对较小，均保持在±0.25 dB 以内，且在一定参数变化范围内 RCS 不会超出±0.25 dB 的波动范围。

3.3　样品加工与测试验证

为进一步探究定标球加工误差及涂覆金属球体对定标球 RCS 的影响，参考此前仿真结果，对不同表面材料和粗糙度的金属定标球体样品进行加工测试。加工六种不同表面材料特性的金属球体样品，分别测量金属球体的点频单站 RCS 和宽频带双站角反射系数。在太赫兹频段，电大尺寸金属定标体对于太赫兹波的照射可视为尺寸足够大的平面。所以，电场强度为 $\boldsymbol{E}_i(\theta_i, \varphi_i, \theta_r, \varphi_r)$ 的太赫兹入射波照射在样品上主要考虑产生反射波 $\boldsymbol{E}_r(\theta_i, \varphi_i, \theta_r, \varphi_r)$，在等同于入射角的反射角接收反射信号，反射系数的表达式为

$$\text{双站角反射系数} = \frac{|\boldsymbol{E}_r(\theta_i, \varphi_i, \theta_r, \varphi_r)|}{|\boldsymbol{E}_i(\theta_i, \varphi_i, \theta_r, \varphi_r)|}\eta \tag{3-29}$$

式中　η ——反射率，此处将其默认为 1，便于后面分析测量中的影响因素。

但是，入射波电场幅度是无法直接测量的，所以在测量样品前后分别采集一个参考样片的反射信号作为样品入射波的参考信号。

此时被测样品相对反射系数定义为

$$
\text{相对反射系数}=\frac{\text{THz 波照射被测样品的反射场强}}{\text{THz 波照射参考样品的反射场强}} \tag{3-30}
$$

对于 RCS 的表达式（2-6），可见 RCS 相对误差与双站角反射系数的相对误差是平方量级，所以宽频带双站角反射系数可以侧面验证以上仿真结果。

加工六种不同表面处理的金属球并编号，如表 3-4 所示，实物如图 3-20 所示。

表 3-4　金属球样品表面处理特性及意义

样品编号	表面处理特性	表面处理意义
1 号金属球样品	原始	原始对照
2 号金属球样品	抛光	减小表面粗糙度
3 号金属球样品	喷砂	增加表面粗糙度 & 表面导电
4 号金属球样品	喷砂＋磷化	增加表面粗糙度 & 表面不导电
5 号金属球样品	喷薄漆	表面不导电
6 号金属球样品	喷厚漆	表面不导电，作为 5 号样本的对照组

图 3-20　金属球样品实物（从左至右按顺序分别为 1～6 号）

在进行实验之前，还需要对 6 个金属球样品的物理参数进行测量，以便在实验结果中分析其对结果的影响。对于金属球，对本书实验结果潜在的影响因素为球的直径和表面粗糙度。金属球径测量即利用立式测长仪测量，测量结果准确度为 $(1+L/100)\ \mu\mathrm{m}$ 。金属球的表面粗糙度用两种方式测量：一种是国家标准，在样品表面进行一维粗糙度测试，样品表面粗糙度为样品一段直线距离上的粗糙度取算数平均值。但由于这种方法只能代表金属球局部的粗糙度特性，具有较强的局限性，因此又在样品表面取一小面元利用三维形貌仪进行扫描测试，测试多个小面元取算数平均。这种方法是欧美目前流行的测量表面粗糙度的方法。以上两种方法的精确度均可达到垂直于样品表面方向线性度 0.1%。测量结果如表 3 - 5 所示。

表 3 - 5　金属球样品物理特性

样品编号	表面处理特性	表面粗糙度/μm		直径/mm	
		国标	欧美	位置 1	位置 2
1 号金属球样品	原始	0.54	0.52	50.922	49.990
2 号金属球样品	抛光	0.37	0.40	51.302	51.165
3 号金属球样品	喷砂	3.44	3.94	51.918	51.698
4 号金属球样品	喷砂＋磷化	2.65	2.74	50.998	50.695
5 号金属球样品	喷薄漆	2.73	2.83	51.466	51.325
6 号金属球样品	喷厚漆	3.18	5.80	51.118	50.900

利用中国电子科技集团第 41 研究所的矢量网络分析仪设备，测量六个不同表面处理金属球样品在 315～318 GHz 频段内三个频点的 RCS，测试结果如图 3 - 21 所示。

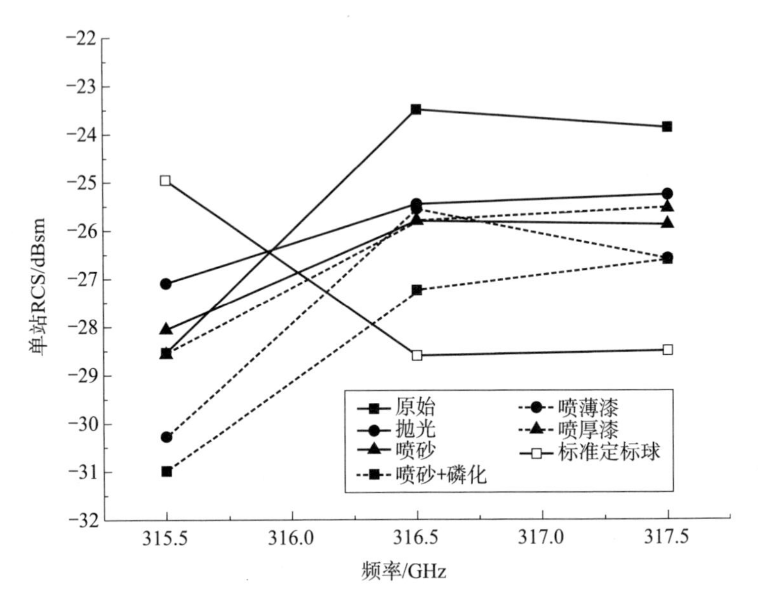

图 3-21　矢量网络分析仪频域测量金属球样品单站 RCS 结果

从测试结果可以看出，被测球的物理尺寸差别并不大。由导体球 RCS 计算结果可知，当频率相同时，不同表面处理的金属球 RCS 值有所不同。2 号抛光球经过二次抛光处理，可等效为理想光滑球体，1、2 号球对比可以得出加工误差对目标 RCS 的影响，影响照比涂覆球体稍小。而其中涂覆介质的 4、5、6 号球的 RCS 值相应其他导体球较小。与仿真结果类似，介质越厚导体球 RCS 值越小，介质相对介电常数和损耗角正切越高导体球 RCS 越低，且外表粗糙度较大的 RCS 越小。不同表面处理的情况下，几乎同样大小金属球 RCS 差别最多可达到 5 dB 以上。

为了进一步考察涂覆材料在 THz 宽频带的特性，在首都师范大学 THz-TDS 实验室完成了宽频带金属球样品的相对反射系数的测量，测试的入射角度为 30°。测量结果如图 3-22 所示。

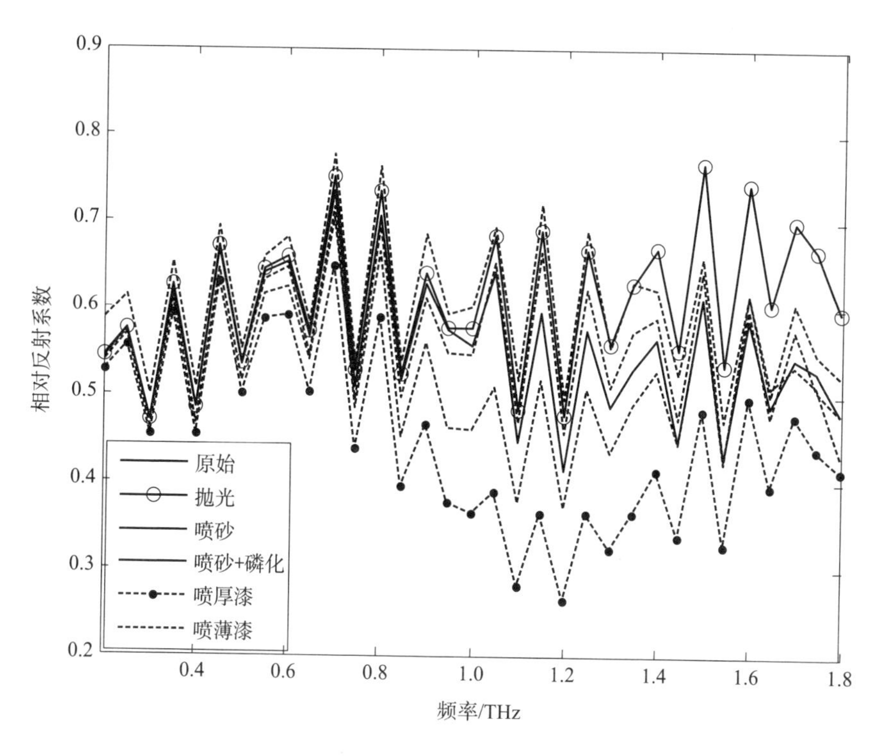

图3-22 THz-TDS系统时域测量金属球样品相对反射系数结果

从测试结果可以看出，在小于0.8 THz的频段，所有样品的相对反射系数幅度差别较小，波动不大；频率大于0.8 THz以后，相对反射系数出现较大波动。导电样品的相对反射系数在整个频段内高于非导电样品。相对反射系数大小排序为抛光样品>原始样品>喷砂样品>喷砂+磷化样品>喷薄漆样品>喷厚漆样品。相对反射系数波动范围的平方即为样品RCS的波动范围。

从以上测试结果和仿真结果可以看出，在太赫兹频段，金属定标球为了规避加工误差，需要尺寸尽可能大，这样相对误差更小。在使用清洁方面需要格外注意，尽量规避用手直接接触定标球，以免造成不同程度的氧化，导致金属球外部出现非金属（主要为氧化铝/氧化铁）涂层的情况。另外，由于定标球表面不清洁造成非金属涂层误差不像仿真一样是均匀涂层，造成的误差可能要大于仿真和测试结果。

本章小结

本章主要研究了不规则定标球体单站 RCS 分布特性，通过 MoM＋MLFMM 方法系统地计算并分析了加工误差带来的椭球体和不同数量、深度、宽度的带状槽形条纹金属球体及涂覆不同介质光滑球体的单站 RCS，揭示了 300 GHz 频段不规则定标球体单站 RCS 在不同结构参数和电参数等因素作用下的影响规律。通过仿真得知定标球在太赫兹频段下的单站 RCS 误差无法达到波动范围在 0.1 dB 的标准，经计算在太赫兹测试信噪比大于 23 dB 的情况下，当合成不确定度为 1 dB 时，定标球单站 RCS 波动范围应在±0.25 dB 以内，合成不确定度为 1.11 dB 时波动范围可为±0.5 dB 以内。加工误差导致的椭球体和带状槽形条纹在长短半轴差和条纹深度≤5 μm、条纹宽度≤1.2 mm、条纹数量≤3 时 RCS 波动范围≤±0.25 dB，长短半轴差和条纹深度≤10 μm、条纹宽度≤1.6 mm、条纹数量≤5 时 RCS 波动范围≤±0.5 dB。同时计算并分析了因定标球表面不清洁和氧化涂层造成的涂覆金属球体 RCS 特性。在涂覆材料厚度、相对介电常数、损耗角正切三个影响因素作用下，涂覆材料厚度对单站 RCS 影响明显，相对介电常数和损耗角正切的影响相对较小，仿真误差范围内 RCS 波动范围均≤±0.25 dB。此后加工制作了六个不同表面处理金属球样品并通过测试，从而提出太赫兹频段定标球的加工和使用管理准则：在太赫兹频段，定标球尺寸在符合要求情况下尽量大，以避免加工误差；使用时尽量避免用手直接接触定标球，以免造成不同程度的氧化，导致金属球外部出现非金属（主要为氧化铝/氧化铁）涂层；定标球使用后需要保持表面清洁并良好保存，尽量规避与空气大面积接触，避免因氧化导致涂层出现。此部分研究成果为 300 GHz 目标电磁散射模拟测量定标实现方法提供了理论支撑。

第 4 章　300 GHz 频段紧缩场系统

近年来，随着新型信息技术的迅速发展，对电磁测试系统能力的要求越来越高。目标 RCS 的测试必须满足 $R \geqslant 2D^2/\lambda$ 的远场条件[127,128]，其中 R 为测试距离，D 为被测目标口径，λ 为测试波长。测试频率越高，电磁波的波长越短，对于同样口径的被测目标，就需要更大的远场测试距离。如果被测天线口径足够大，或者测试频率足够高，最小远场距离可能需要几千米甚至几十千米。在自然环境中，想获得足够理想的远场测试条件是困难的。另外，由于外场测试不确定性高，还存在气象条件影响大、保密性差、背景电平高等缺点[129]，于是为了解决上述问题，紧缩场系统技术得以发展和应用。紧缩场系统是一种在微波暗室内近距离将馈源发出的球面波通过光滑的反射面或透镜等设施转换为平面波[95]，形成幅相分布近乎理想的平面波照射区（静区），进而满足等效远场测试要求的系统。由于紧缩场反射面较重，而且测试频率在太赫兹频段，因此在系统安装及后续结构调整的过程中存在很多困难[130-132]。

4.1　紧缩场系统的分类与特点

4.1.1　紧缩场系统的分类

从大类来说，现有紧缩场，按照发展时间顺序可分为透镜型紧缩场、反射面型紧缩场和全息型紧缩场。下面对三类紧缩场的工作原理和优势分别进行讨论。

（1）透镜型紧缩场

透镜天线的研究如今已非常成熟，透镜具有将球面波转化为平面波的能力。为便于加工，透镜的一个面通常是平面，另一个面则是旋转双曲面形的凸面，如图 4－1 所示。

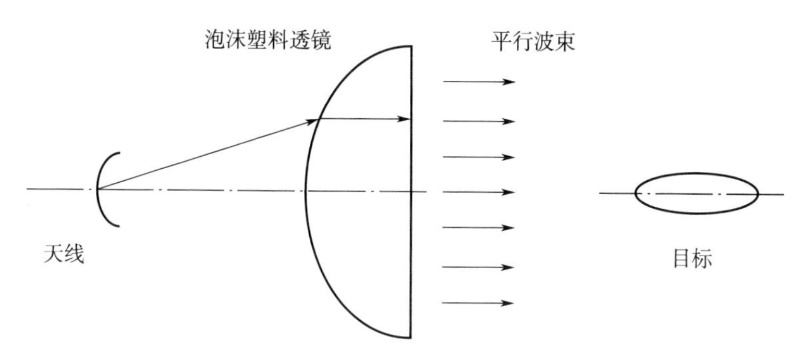

图 4－1　透镜型紧缩场系统

透镜凸面朝向源天线，平面朝向目标，这样可以减小透镜表面反射波进入天线。双曲线的形状取决于透镜的焦距 f（从源到透镜顶点的距离）和材料的折射率 n。设计透镜剖面是以馈源到透镜平面口径上任意点都具有相等光程为依据的，由图 4－2 可见，经过任意点 P 的光程 $[(FP)+n(PP_1)]=[(FP)+n(QQ_1)]$ 应等于沿轴线的光程 $[(FO)+n(QQ_1)]$，即 $FP=FO+n(OQ)$ [98]。

若采用极坐标，设 P 点坐标为 (r,φ)，则等光程条件可写为

$$r=f+n(r\cos\varphi-f) \tag{4-1}$$

即

$$r=\frac{(n-1)f}{n\cos\varphi-1} \tag{4-2}$$

如用直角坐标，根据 $r^2=(x+f)^2+y^2$ 和 $r=f+nx$（等光程条件），上式可改写为

$$(n^2-1)x^2+2(n-1)fx-y^2=0 \tag{4-3}$$

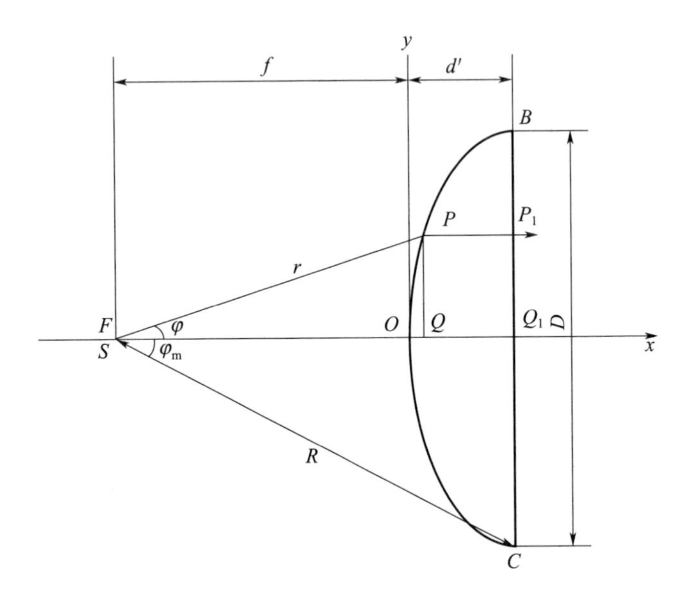

图 4-2　介质透镜剖面计算

式中　(x, y)——P 点的直角坐标。

以上表明当 $n>1$ 时，透镜的表面具有双曲线的形式。由图 4-2 可得口径张角为

$$\sin\varphi_m = \frac{D}{2R} \tag{4-4}$$

式中　R——从焦点 F 到透镜边缘的距离；

D——透镜直径。

R 可由下式确定：

$$R = \frac{(n-1)f}{n\cos\varphi_m - 1} \tag{4-5}$$

如取 $y=D/2$，$x=d'$（d' 为透镜厚度），则可得到透镜厚度为

$$d' = \frac{-f}{n+1} + \left[\left(\frac{f}{n+1}\right)^2 + \frac{(D/2)^2}{n^2-1}\right]^{1/2} \tag{4-6}$$

由此可知，当 D 和 f 为任何值时，都能得到一个 d'，使源天线

的球面波经过透镜后矫正成为具有平行射线路径的平面波。

透镜型紧缩场作为早期研究成果，1950 年，Woonton 等使用金属平面透镜产生平面波，Chapman 使用的透镜为聚苯乙烯介质。20 世纪 70 年代后期，英国伦敦玛丽女王大学 Olver 和 Saleeb 证明用泡沫介质材料制作的透镜型紧缩场是可行的[133]。近期的发展见于 Menzel 和 Huber 随后展示用一个固体介质透镜可在 94 GHz 上进行天线测量[134]。因为介电常数较低的介质造成透镜厚度加大、材料选择困难，电磁波在传输过程中损耗过大，而且边缘绕射和镜面反射导致效果不理想[135]，所以透镜型紧缩场逐步被后面两类紧缩场替代。

（2）反射面型紧缩场

反射面型紧缩场可分为单反射面型紧缩场和多反射面型紧缩场，多反射面型紧缩场常见有双反射面型和三反射面型紧缩场。

单反射面型紧缩场是目前市场上应用最多的一种紧缩场系统。单反射面型紧缩场的原理是用旋转抛物面将馈源产生的球面波校正为平面波。由于旋转抛物面顶点附近的反射波会直接进入馈源而形成干扰目标回波的杂波，因此用于紧缩场测量的抛物面都只利用靠近旋转轴某一边的部分反射面，称为偏置抛物面。单反射面型紧缩场是一种发展最早、加工工艺最成熟的紧缩场类型，优点在于形式简单，成本较低，但是静区利用率相对较低，且如果反射面较大容易带来加工误差。

多反射面型紧缩场的原理与单反射面类似，常用为双反射面和三反射面。传统双反射面型紧缩场系统一般为卡塞格伦形式，且现有系统基本使用赋形面反射面代替传统卡塞格伦系统中的双曲面和抛物面，通过赋形面对馈源波束聚焦，赋形面卡塞格伦紧缩场能保证波程等长条件，并按照设计者的期望波形出射所需的电磁波束。

三反射面紧缩场系统主反射面使用大尺寸的普通抛物反射面，使用两个尺寸较小的赋形面作为副反射面对馈源波束进行聚焦赋形。经过两个副反射面的聚焦变换后，波束入射主反射面并反射出期望的出射场。

反射面最早见于1974年，Johnson和他的同事在佐治亚理工学院建成了一个直径10 ft① 的抛物面反射镜紧缩场系统[136,137]。此种点源紧缩场取得了成功，并得到了Scientific Atlanta公司的进一步发展。1974年，此种紧缩场系统被投入市场[138]。这种紧缩场使用的是由约5 m宽、3.5 m高玻璃纤维组成的偏置抛物反射面，静区直径约1.5 m。为了减小边缘绕射，反射面边缘被做成了特殊形状。1976年，Vokurka在埃因霍温理工大学发展了一种采用两个抛物柱面反射面的双柱面紧缩场[139]。通过副反射面将点源发出的球面波转化为柱面波，再通过主反射面将柱面波转化为平面波，由于它的等效焦距较长，因此相对于单反射面型紧缩场，这种双柱面紧缩场具有更低的幅度锥削，且可以达到更高的表面精度。经过很长时间的发展过程，紧缩场技术的实用性才被天线测量界接受。在1989年第六届ICAP会议上，英国伦敦大学的Parini等介绍了一个180 GHz的毫米波紧缩场[140]，采用蜂窝夹层反射面板，单块面板尺寸1 m×0.5 m，型面精度（RMS）达16 μm。同年，在第19届欧洲微波会议上，Steiner和Kaempfer介绍了一种测试频率达200 GHz的双反射面紧缩场系统[141]，反射面板是用特殊铸铁在五轴激光控制铣床上加工成形，主反射面尺寸7.5 m×6.0 m，RMS达13 μm，粗糙度1 μm。为满足大尺寸天线及实体武器装备散射特性的测试要求，紧缩场不断向大静区发展。例如，美国太空电子系统公司（ESSCO）

① 1 ft=3.048×10^{-1} m。

在 20 世纪设计制造了总体宽高尺寸分别为 17.1 m×14.6 m 和 36 m× 32 m 的超大型反射面紧缩场[142]，RCS 测量频带 1～100 GHz，RMS 达 50 μm，是超大型紧缩场的代表。欧洲阿斯特里姆公司同样在 1999 年研发出单反射面型和双反射面型超大紧缩场[143]，用于飞机整机的测试，测试频段从 UHF（Ultra High Frequency，特高频）到 180 GHz 不等。

由于反射面型紧缩场的造价低廉、性价比高、系统稳定性强而且发展较为成熟，使得反射面型紧缩场成为目前发展的主流。国内对于紧缩场进行系统研究始于 20 世纪 90 年代。近些年来，随着高校和研究所的加入，国内对于紧缩场技术的研究也是成绩斐然。2002 年，作为我国独立研制、生产的第一个大型单反射面紧缩场，北京航空航天大学研制的单反射面紧缩场 D2040[144] 实际工作频率可达到 75 GHz，其反射面表面型面精度值为 0.014 mm，上述指标代表国内毫米波紧缩场研究的领先水平。国内的紧缩场研究大都针对反射面紧缩场，包括单反射面和多反射面紧缩场[135,145-147] 的研究，并逐渐向太赫兹波段发展[148]，但已建成的紧缩场系统还均未达到太赫兹频段的实际应用要求。近年来，国内某些科研院所已经开展对全息紧缩场的研究，并发表了相关的成果，但也仍旧处于起步阶段，还未开展深入研究[149,150]。目前国内紧缩场系统的硬件设施更多是购买国外或是国内设计成熟的紧缩场系统，如航天科工二院 203 所[151,152]、航天科工五院 501 所[153,154]、国防科学技术大学[155]、中国人民解放军海军某部队[156] 等。其用途基本上停留在微波毫米波天线和飞机、战车、舰船缩比模型的目标特性测试，无法达到整机和整车测试的标准。

(3) 全息型紧缩场

全息型紧缩场是用全息光栅板作为紧缩场测量的校正单元，对馈源喇叭发射的球面波进行幅度相位调制，将其转化为平面波的一种紧缩场类型。生成的平面波区域被称为静区，待测天线放置在静区范围内进行测量。全息型紧缩场测量系统框架如图 4－3 所示，馈源到全息光栅的距离为 F ，静区偏离全息光栅法向的角度为 θ 。仿真计算涉及两个坐标系，有以馈源中心为坐标原点的馈源坐标系 (x, y, z) 和以全息光栅中心为坐标原点的静区坐标系 (x_1, y_1, z_1) 。静区坐标系相当于馈源坐标系沿 y 轴顺时针旋转 θ 角度[149]。

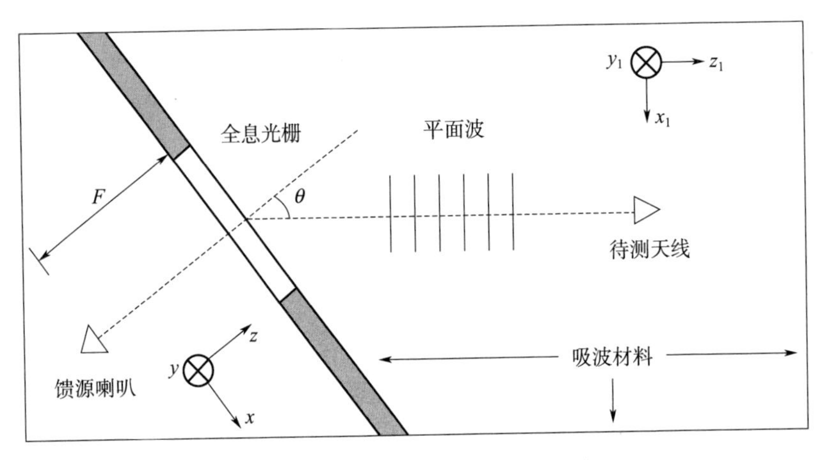

图 4－3　全息型紧缩场测量系统框架

全息型紧缩场的核心部件是一块可透射电磁波的介质板，称为全息光栅，全息图案为照射球面波和静区平面波的干涉图案。以全息理论和电磁场理论为基础，根据馈源辐射球面波和静区所需平面波，借助计算机辅助计算，可设计出全息光栅板。

全息光栅的物理作用由透射率函数 $T(x, y)$ 描述：

$$E_{tr}(x, y) = T(x, y) E_{in}(x, y) \tag{4-7}$$

式中　E_{in} ——全息光栅的入射场；

E_{tr} ——全息光栅的透射场。

全息光栅采用 Burch 型计算幅度全息图来实现，其透射率函数 $T(x, y)$ 为

$$T(x,y)=\frac{1}{2}\{1+a(x,y)\cos[\Psi(x,y)]\} \tag{4-8}$$

式中　$a(x, y)$ ——幅度调制函数；

$\Psi(x, y)$ ——相位调制函数。

幅度和相位调制分别定义了由输入场到目标场幅度和相位的变化要求，这可以补偿入射场的幅度相位变化，并增加透射场的幅度锥度。

由于生产制造的限制，全息图的结构通常需要进行量化，其中应用最广泛的编码方案是二元相位和二元幅度量化，分别是将全息图的相位或幅度透射率函数二元离散化。二元幅度全息图的透射率为 1，即是让入射波无干扰地通过；或者透射率为 0，即是将入射波完全阻隔。全息型紧缩场测量中所需的全息结构即是二元幅度全息图。

利用二元幅度将透射率函数量化，其二元透射率函数为

$$T_{bin}(x,y)=\begin{cases}0, & 0\leqslant \frac{1}{2}\{1+\cos[\Psi(x,y)]\}<b \\ 1, & b\leqslant \frac{1}{2}\{1+\cos[\Psi(x,y)]\}\leqslant 1\end{cases} \tag{4-9}$$

式中，$b=(1/\pi)\arcsin[a(x, y)]$。

透射场的波相位由全息光栅板上的透射缝隙的位置和深度决定，而透射场的幅度是由透射槽的宽度决定。幅度调制可表示为

$$a(x,y)=\frac{W(x,y)}{|E_{in}(x,y)|} \tag{4-10}$$

式中　$W(x, y)$ ——一个权函数，用于优化幅度调制，通过不断

修改权函数直到可以生成比较满意的静区场为止。

全息型紧缩场更多基于光学原理，是一种可以应用在更高频段的紧缩场系统。目前芬兰赫尔辛基大学对全息型紧缩场的研究较为成熟。1992年，赫尔辛基大学提出基于全息图的紧缩场天线测量技术[157-159]，用全息光栅板作为紧缩场测量的准直元件，全息光栅为透射型器件，其表面精确度要求不像反射面那样苛刻，解决了反射面紧缩场在太赫兹波段表面高精度要求较难保证的缺陷，如今已成功应用于39～650 GHz频率范围。

如今，三种类型的紧缩场均获得了不同的发展，但都存在各自的优势和不足。①反射面型紧缩场发展较早，加工工艺成熟，且对电磁波束的吸收小，具有更宽的频带特性[135]，是至今技术发展最成熟、在常规微波波段应用最广泛的一类紧缩场[129]；但是，随着紧缩场测试频率提高，反射面表面精度将难以保证，同时制造成本昂贵，制约着反射面型紧缩场向更高测试频率发展。②透镜型紧缩场虽然在一定程度上克服了反射面高表面精度难以保证的问题，但是由于介电常数降低，会导致透镜厚度大大增加；同时对于合适透镜材料的选择有较大难度，透镜型紧缩场并未得到广泛应用[146]，实际应用的较高频率为94 GHz[134]和110 GHz[159]。③全息型紧缩场用全息光栅板作为准直元件，如图4-3所示，由于加工工艺较为简单，相对于反射面的表面加工精度要求不高，因此所需制造成本较低，相对于反射面型紧缩场，全息型紧缩场更容易构建太赫兹波段紧缩场[149]，目前最高测试频率已达650 GHz。但是，由于频带较窄和交叉极化较差的固有缺陷，全息型紧缩场的应用还很局限[135]；另外，由于单块全息光栅板难以实现大尺寸制造，在大静区要求下，全息板在拼接过程中会造成较大的误差，因此难以实现高频率测试[160]。

总之，透镜型紧缩场技术已逐渐被淘汰，全息型紧缩场技术虽有着在太赫兹波段构建高性价比紧缩场测试系统的潜力，但频带较窄及大尺寸全息板难以保证拼接误差等缺陷也制约着它的广泛应用。对于反射面型紧缩场，虽然反射面表面制造精确度要求成为制约其向更高测试频段发展的技术瓶颈，但反射面型紧缩场以其较宽的测试频带及成熟的加工拼装工艺，在太赫兹波段仍具有较大的发展潜力和应用空间。

4.1.2　不同类型反射面紧缩场系统的特点

通过 4.1.1 节对紧缩场系统分类及优缺点的分析，本书将针对反射面型紧缩场进行研究。本节针对反射面型紧缩场的工作原理、工作特点及各自的优缺点进行分析，从而对下一步紧缩场系统的设计给出理论指导。

反射面型紧缩场也可分为单反射面型紧缩场和多反射面型紧缩场，多反射面型紧缩场常见于双反射面型紧缩场和三反射面型紧缩场。

（1）单反射面型紧缩场

单反射面型紧缩场是目前市场上应用最多的一种紧缩场系统。单反射面型紧缩场的原理是用旋转抛物面将馈源产生的球面波校正为平面波。旋转抛物面的基本特性是以抛物线的两个基本几何性质为基础[98]。

图 4－4 所示为沿顶点切割旋转抛物面得到的一条抛物线，设有一点 F 和一准线 QQ' 相距 $2f$ ，如果有一点 M 与准线和与 F 点的距离相等，则点 M 的轨迹即为抛物线。其中，F 为抛物线的焦点，f 为抛物线的焦距。假设坐标原点取在 F 到准线 QQ' 距离的中点，则抛物线方程为

$$x^2 = 4fz \tag{4-11}$$

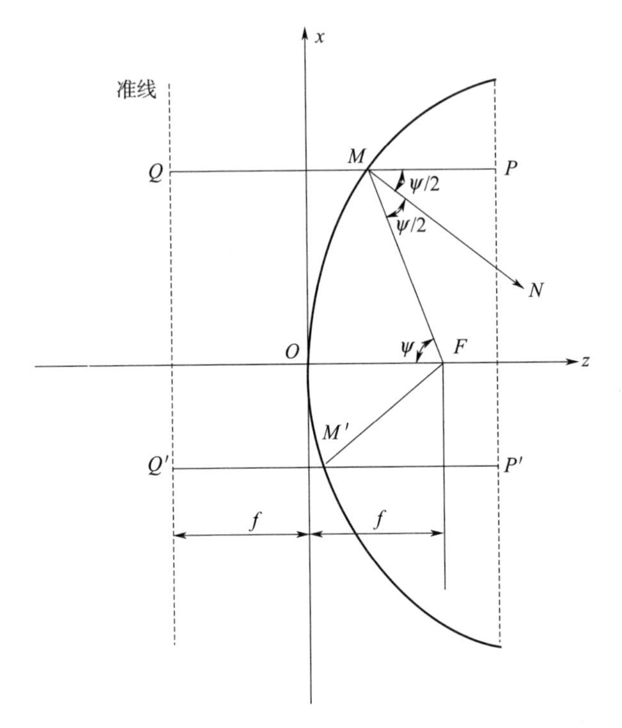

图 4-4 旋转抛物面的几何特性

抛物线具有如下两个基本特性：

1）如果直线 FM 代表从抛物线焦点 F 到抛物线上任一点 M 的连线，直线 MP 代表通过 M 点的一条平行于 z 轴的直线（P 为图 4-4 所示旋转抛物面口面上一点），则

$$\angle FMN = \angle PMN = \Psi/2 \tag{4-12}$$

反之，从焦点发出的任意一条射线，经抛物面反射后都与抛物线的轴线平行。

2）如用 $FM+MP$ 和 $FM'+M'P'$ 分别代表从抛物线焦点 F 经抛物线上任意两点反射后到达口径面的距离，从抛物线定义可证 $FM=QM$，$FM'=Q'M'$，于是可得

$$
\begin{aligned}
FM + MP &= QM + MP = QP = Q'P' \\
&= Q'M' + M'P' = FM' + M'P' = \text{常数}
\end{aligned} \tag{4-13}
$$

由于离开焦点后经过的波程相同，因此直线 PP' 为等相位线，即置于焦点 F 的馈源所辐射的球面波经旋转抛物面反射后变成了平面波。

由于旋转抛物面顶点附近的反射波会直接进入馈源而形成干扰目标回波的杂波，因此用于紧缩场的抛物面都只利用靠近旋转轴某一边的部分反射面，称为偏置抛物面，如图 4-5 所示。此时馈源喇叭仍置于抛物面的焦点处，但喇叭的轴线倾斜地对准切割抛物面的中心。经切割抛物面反射所产生的平面波照射到目标上，目标反射的能量以相反方向通过这些路径，并汇聚在馈源喇叭处，在这里被收集并输入雷达接收机。

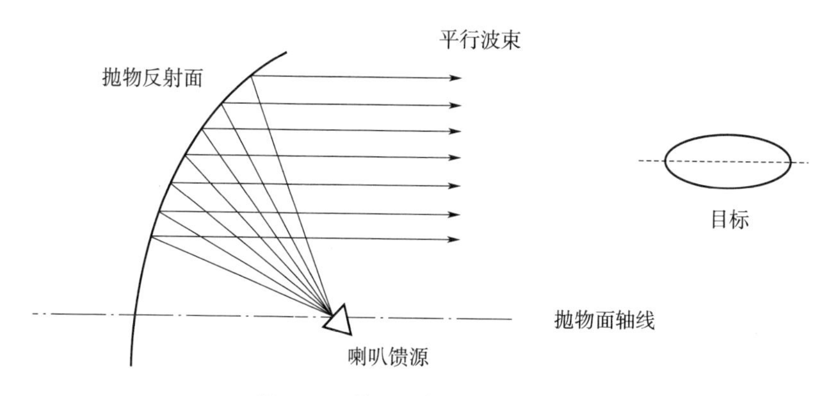

图 4-5　偏置抛物面紧缩场系统

单反射面型紧缩场是发展最早、加工工艺最成熟的一种紧缩场类型，优点在于形式简单、成本较低，但是静区利用率相对较低，且如果反射面较大容易带来加工误差。

(2) 双反射面型紧缩场

多反射面型紧缩场的原理与单反射面类似，常用为双反射面和三反射面。传统双反射面型紧缩场系统一般为卡塞格伦形式，如图 4-6 所示。

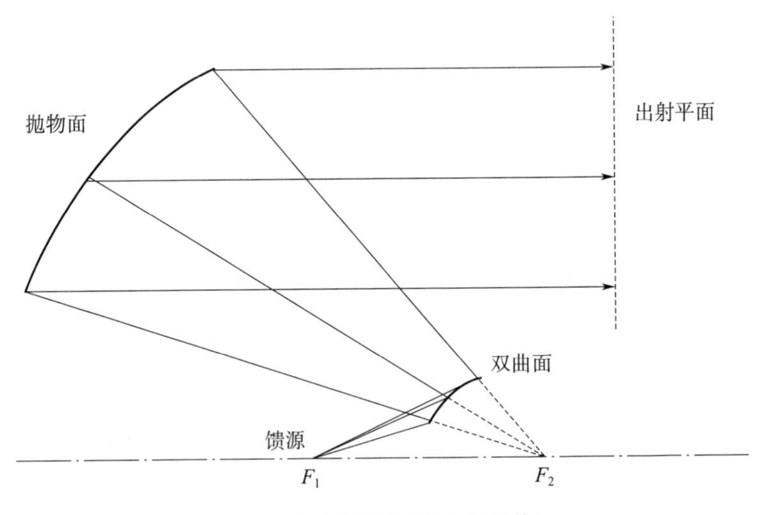

图 4-6 双反射面紧缩场系统

传统的卡塞格伦式双反射面系统由一个双曲面反射面、一个抛物面主反射面和一个馈源构成。其中，双曲面的虚焦点与抛物面的焦点重合，即图 4-6 中 F_2；而馈源安放在双曲面的实焦点 F_1。馈源向双曲面副反射面照射波束，根据几何光学原理，经双曲面反射向抛物面主反射面的光线是逆向经过重合焦点 F_2 的，因此馈源光线被两个反射面高度聚焦成平行光线[147]。卡塞格伦双反射面系统的优点是拥有更紧凑的系统结构。在单反射面系统中，馈源放置于 F_2 处，在水平方向上要求较大的空间。而双曲副反射面的引入采用了回折的光路，并使馈源在抛物面焦点 F_2 处产生了一个虚拟的发射源，保证了对波束高度聚焦的同时，节省了系统空间。但双曲面反射面和抛物面反射面组成的卡塞格伦系统有一个缺点，即从馈源射出的波导出射平面，由于其光程长度不恒定，导致出射平面上接收到的电磁波存在相位差。为了克服上述缺点，可采用赋形面反射面代替传统卡塞格伦系统中的双曲面和抛物面，通过赋形面对馈源波束聚焦，可以保证光程等长条件，并按照设计者的期望波形出射所需的电磁波束。相比单反射面型紧缩场对于电磁波形不可控，赋形面卡塞格伦紧缩场系统可以通过控制出射的波形，增大中部平整区域以增大静区利用率。但相对于普通形状的反射面，赋形面的加工费用更高，加工精度更难保证，在实际生产制造过程中更为困难。最初研究双反射面系统的单位是荷兰埃因霍温理工大学，目前利用双反射面系统的单位有德国的阿斯特里姆公司等。

（3）三反射面型紧缩场

三反射面型紧缩场系统主反射面使用大尺寸的普通形状反射面，使用两个尺寸较小的赋形面作为副反射面对馈源波束进行聚焦赋形。经过两个副反射面的聚焦变换后，波束入射主反射面并反射出所期望的出射场。按照每两个反射面之间的波数聚焦配置，三反射面型紧缩场可以分为四种类型：双卡塞格伦、卡塞格伦-格里高利、格里高利-卡塞格伦、双格里高利，如图 4－7 所示[135,146,147]。

反射面之间的波束聚焦可分为两种情况，即卡塞格伦式和格里高利式。格里高利式如图 4－7（b）标注区域，是指在两个反射面之间的波束高度集中的区域，犹如平行光线被凸透镜聚焦到焦点上，因此该区域被称为焦散区。卡塞格伦式和格里高利式的区别就在于是否有焦散区。根据每两个反射面之间的反射形式，则可分为双卡塞格伦、卡塞格伦-格里高利、格里高利-卡塞格伦及双格里高利四种。三反射面型紧缩场相对于单反射面型和双反射面型紧缩场的优势在于其能通过赋形面副反射面控制波束重新赋形，使之能按照设

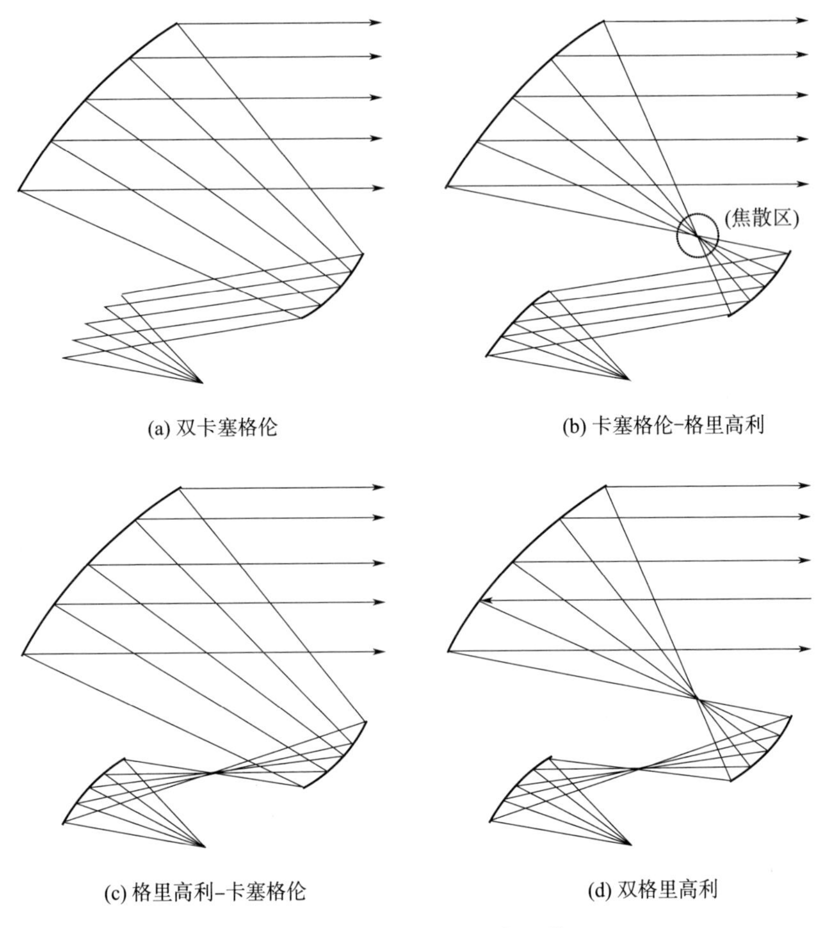

(a) 双卡塞格伦

(b) 卡塞格伦-格里高利

(c) 格里高利-卡塞格伦

(d) 双格里高利

图 4-7 三反射面型紧缩场系统

计者期望得到波形，增大静区利用率；另外，能极大地减小赋形反射面尺寸，从而减少加工费用。目前使用的三反射面型紧缩场系统是英国伦敦大学玛丽女王学院的卡塞格伦-格里高利形式的系统，我国北京邮电大学余俊生课题组购入该系统并已投入使用。

从三种反射面型紧缩场系统来看，其各自的优缺点如下：

1）单反射面型紧缩场系统的优点在于原理简单，发展成熟，制造简单。在调试的过程中只需要注意到馈源和反射面之间的关系即可，控制参数少。在多次使用时，结构可以长期保持不变，检测静区场较为方便，调试时间短。其缺点在于静区利用率低，大约只有反射面的40%；如果加工水平较差则可能更低，这样就需要较大的静区，就需要更大的反射面。

2）双反射面型紧缩场系统结构更紧凑，而且赋形面可以通过控制出射的波形增大中部平整区域，以增大静区利用率。其缺点在于主反射面较大，赋形面加工价格过于昂贵，而且馈源的漏波容易对静区造成一定扰动。

3）三反射面型紧缩场系统具有比双反射面更紧凑的结构和更大的静区利用率，静区利用率可以达到70%以上。另外，主反射面不需要赋形面，只是两个副反射面需要赋形面，所以价格会较为便宜。但是，三反射面型紧缩场系统装调困难很大，控制参数很多，需要考虑馈源与一级副反射面、二级副反射面和主反射面的关系，以及它们互相之间的关系。很难长期保持不变，一次测量结束后进行下次测量时，检测调试时间较长，时间成本高。

4.2　300 GHz 频段紧缩场系统设计

从前两节的分析来看，不同类型紧缩场各有其利弊。为降低300 GHz 频段紧缩场系统的研制风险，缩短研制周期，降低研制费用，首选方案为单反射面型紧缩场系统。

单反射面型紧缩场系统的构成包括紧缩场天线和紧缩场暗室，而紧缩场天线又包括紧缩场馈源和紧缩场单反射面。本节对紧缩场系统的三个主要构成部分分别进行讨论，并进行设计与模拟仿真。

4.2.1　紧缩场系统设计

从实际工程应用的角度看，紧缩场系统的静区大小决定了工程应用的范围。静区越大，工程应用的范围越广。按照一般的车辆、导弹和卫星等被测体的尺寸，紧缩场静区最好可以达到10～12 m以上，然而单反射面型紧缩场的效率导致如果需要边长12 m的静区范围，则需要边长30 m以上的反射面，无论是设计仿真计算还是工程实现，价格都相当昂贵。而在太赫兹频段范围，做目标缩比模型的模拟测量研究，即如保证0.4 m边长的静区范围，则可测量X波段范围12 m的车辆、导弹和卫星等被测体。所以，本书紧缩场系统采用工作主频300 GHz、边长1.2 m的单反射面型紧缩场。

在现有仿真软件中，重构紧缩场的天线和暗室的计算量是很大的。根据太赫兹频段紧缩场设计要求，300 GHz频段的波长为1 mm，而反射面天线的尺寸为1.2 m（1 200个波长），同样接收天线与发射天线之间的距离也是米级，如果空间划分网格是无法完成计算的。普通的FDTD、FEM、MoM算法无法完成计算要求，所以需要考虑准光学高频算法完成，如几何光学（Geometric Optical，GO）[161-163]、几何绕射算法（UTD）及物理光学（Physical Optics，PO）法[164-167]。考虑到工程效率，选择现有仿真软件中已经发展成熟的算法。三维电磁仿真软件FEKO中，GO/UTD和PO算法已经成熟。然而，GO/UTD算法中很难得到物体表面电流分布，不利于很多电磁特性参数的分析计算，故在紧缩场系统的求解过程中不适用这种方法。PO方法则是基于表面感应电流的方法，可以很好地弥补GO法的不足。PO本质上是一种高频近似方法，用散射体表面产生的感应电流取代散射体本身作为散射体的二次源，并对表面电流积分，从而求得散射场。采用PO方法能快速计算电大尺寸目标体的特性，且计算结果更精确。但是，由于模型的电尺寸过大，PO 算法在内存 512 GB 的服务器上无法完成仿真，因此选择 FEKO 6.0 中新引入的大面元物理光学（Large Element - Physical Optics，LE - PO）算法进行分析[168-170]。LE - PO 对 PO 法基函数进行相位修正，因此三角单元可以采用数倍波长进行划分，相对传统 PO 法，网格数大幅减少，内存需求极少，计算速度快，对于光滑结构的超电大尺寸问题，此种方法具有明显的优势。通过对某反射面天线（反射面半径为 900λ）的仿真对比来看，在对太赫兹频段紧缩场系统仿真考察范围量级过程中，LE - PO 与 PO 算法的计算结果几乎重合，如图 4 - 8 所示。另外文献［168］同样揭示了这一结果。

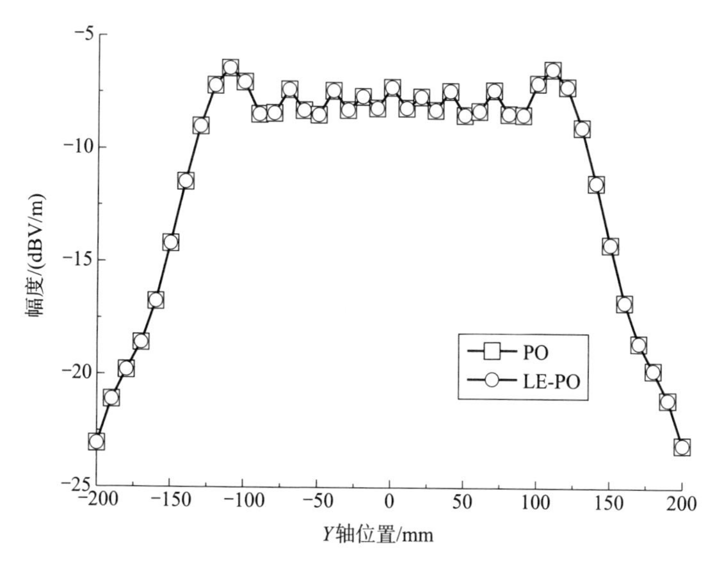

图 4 - 8　反射面天线出射电场幅度仿真对比

将紧缩场系统的反射面部分按 1∶1 的比例在 FEKO 软件中建模，PO 算法的网格数为 970 万，而 LE - PO 算法的网格数为 96 万，在保证精度的前提下大大提高了仿真效率。所以，本书紧缩场系统的设计与仿真及误差分析部分都利用 LE－PO 进行计算。

4.2.2　紧缩场系统辐射场特性仿真

紧缩场系统辐射场特性需要从两个方面进行研究，分别为紧缩场馈源的辐射特性及反射面天线辐射特性两个部分。

按照太赫兹频段紧缩场设计要求，馈源部分采用最常见的喇叭天线。因为这种天线具有以下优点：①天线增益较高；②电压驻波比较低；③工作频带较宽；④质量较小，便于生产制造；⑤较为通用，且在太赫兹频段已有利用。因此，反射面天线常用喇叭作为馈源，尤其是太赫兹频段[127,132]。

由于紧缩场反射面是切割旋转抛物面，要做到幅度和相位分布最好是中心对称的，因此馈源应采用矩圆过渡喇叭天线的形式。矩圆过渡喇叭除了喇叭天线的共性之外，还具有其他优势：①具有较低的副瓣；②具有良好的交叉极化特性；③具有对称的辐射场幅相特征。考虑到目前对太赫兹喇叭天线加工的能力和反射面天线的应用，设计馈源指标如下：①波导选择 WR3 型（口面 0.863 6 mm×0.431 8 mm，工作频率 220～325 GHz）；②过渡段长度为 10 mm；③天线口径为 1 mm；④求解频率为 300 GHz。利用 MoM 算法求解天线并对过渡段长度和口径进行优化，馈源驻波仿真计算结果如图 4－9 所示，馈源方向图仿真计算结果如图 4－10 所示。

从馈源驻波仿真结果可以看出，由于太赫兹频段的馈电方式为扩频模块波导直馈，因此只需要保证矩圆过渡段设计合理即可保证驻波良好。从馈源辐射方向图仿真结果可以看出，天线的 E 面和 H 面主瓣 180°范围内几乎重合，证明馈源的交叉极化特性很好。馈源需要配合反射面应用，所以接下来针对反射面的设计开展研究。

根据太赫兹频段紧缩场设计要求，要使紧缩场反射面形成中部

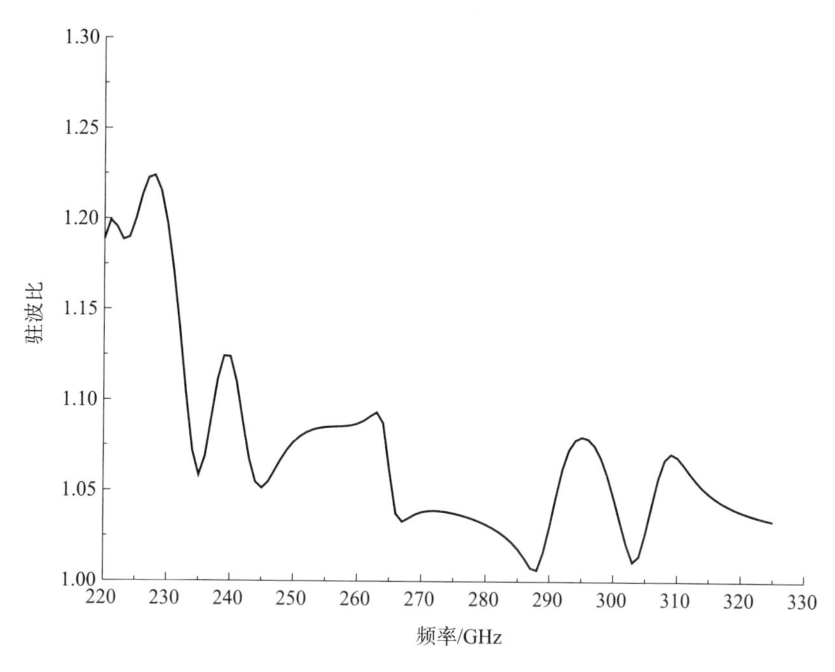

图 4-9　馈源驻波仿真计算结果

尽量平坦、边缘锐降的照射分布，本书采用的紧缩场系统反射面是切割抛物面，即从整体的抛物面上切割下来一部分作为紧缩场系统的反射面。反射面的焦径比越大，口面场的幅度分布越均匀，得到的交叉极化辐射功率也就越小。因此，需要综合考虑紧缩场系统短距离内实现球面波与平面波之间转化的功能，加工成本及系统设计中应避免交叉极化的影响。

根据系统要求，该抛物面的基本方程为

$$x^2 + y^2 = 4fz = 4 \times 1.3z = 5.2z \tag{4-14}$$

或

$$\rho = \frac{2f}{1+\cos\theta} = \frac{2.6}{1+\cos\theta} \tag{4-15}$$

整体反射面可利用数控加工设备直接加工得到。根据整体反射

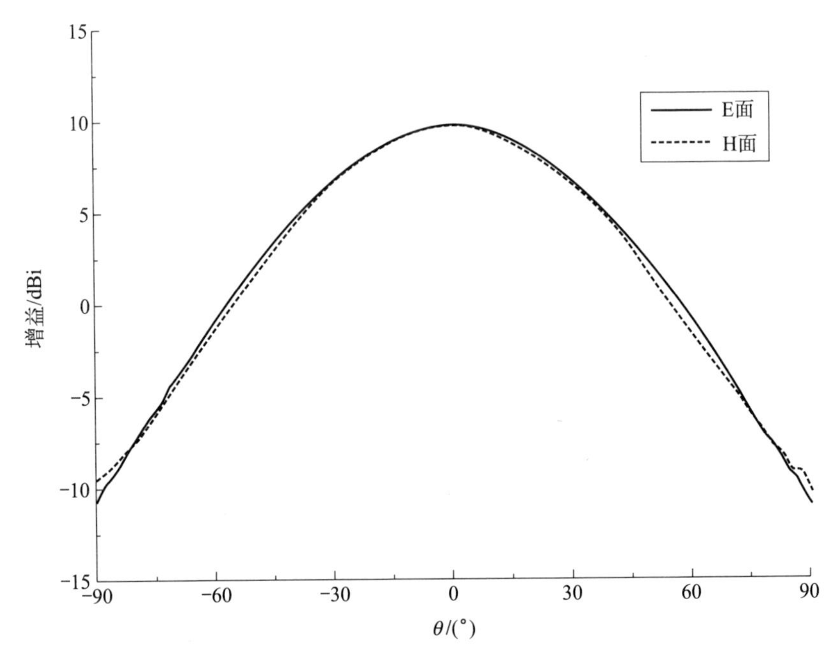

图 4－10 馈源方向图仿真计算结果

面的焦点位置可以测量出，馈源的相位中心位于切割抛物面锯齿下方 40 mm 处，反射面的焦距 f 为 1.3 m，切割反射面中心距离焦轴高度 h 为 320 mm，因此可得馈源的偏馈角度：

$$\theta = \arctan\frac{h}{f} = \arctan\frac{320}{1300} = 13.8° \tag{4-16}$$

加工好的反射面需要经过专业三维坐标方法对反射面进行测量，在反射面上整体均匀分布测量 900～950 个点。通过西安黄河机器制造厂的三维坐标台的测量，反射面的合格点数量占总测量点的 95%以上，锯齿上的合格点数量占总测量点的 85%以上，以上测量结果显示此反射面完全符合加工精度的要求。为有效降低边缘绕射效应，特对该反射面进行边缘化处理。本书反射面采取的是边缘锯齿化处理方式。各锯齿采用等角、等大分布的方式排列，而在中间部分却有所变化，正视图和实物图如图 4 - 11 所示。

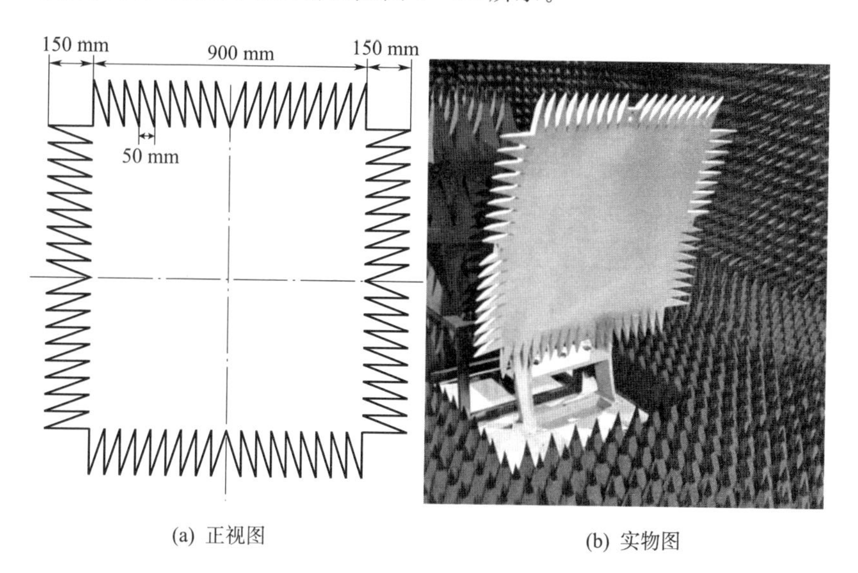

(a) 正视图　　(b) 实物图

图 4 - 11　紧缩场反射面

代入上述紧缩场馈源的仿真结果，并按照设计指标的要求，考察 300 GHz 频段，距离反射面中心 $2f=2.6$ m 距离处 0.5 m（水平维）×0.5 m（垂直维）范围内，紧缩场系统辐射的电场幅度和相位分布数据。紧缩场系统仿真及 LE - PO 算法网格划分情况如图 4 - 12 所示，仿真结果如图 4 - 13 和图 4 - 14 所示。

从仿真结果可以看出，300 GHz 频段，距离反射面中心 $2f=2.6$ m 距离处 0.5 m（水平维）×0.5 m（垂直维）范围内，紧缩场系统辐射电场幅度在 1 dB 内波动，相位波动范围在±30°左右。如果按照设计需求，静区范围 0.4 m×0.4 m 相位波动范围大约为±15°。由于仿真结果考虑为真空条件下反射面绝对光滑的情况，但工作频率处于太赫兹频段，实际测量的效果要略差，因此产品指标定为幅

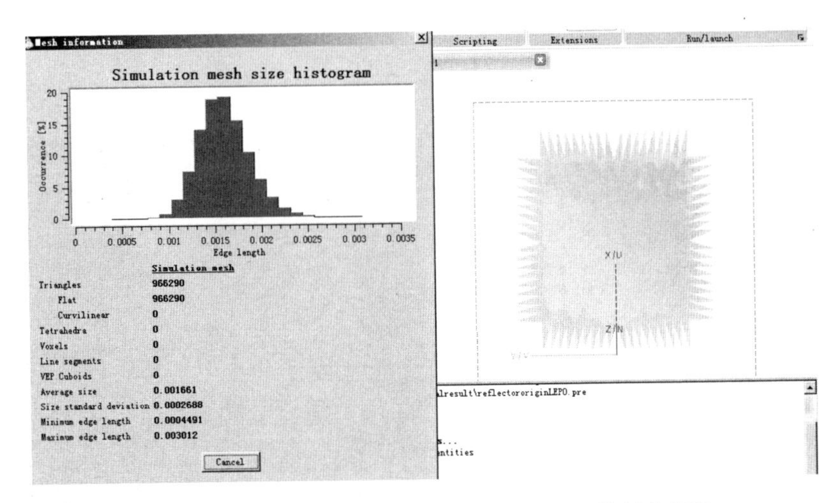

图 4-12　紧缩场系统仿真及 LE-PO 算法网格划分情况

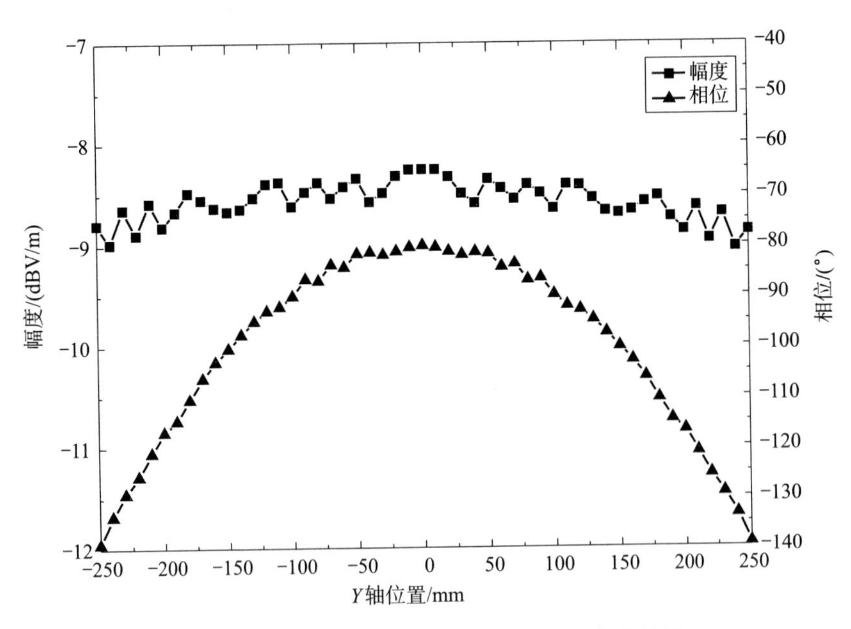

图 4-13　紧缩场水平扫描辐射电场幅相仿真结果

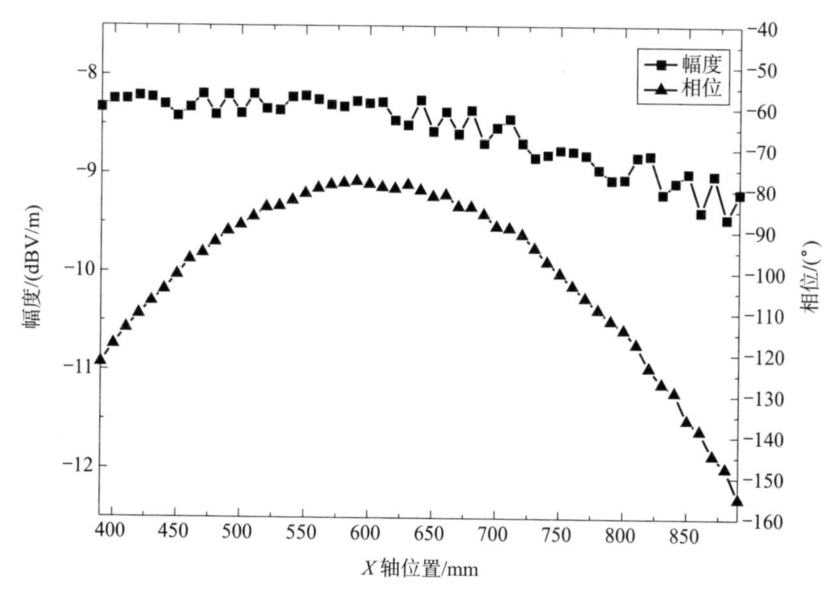

图 4-14　紧缩场垂直扫描辐射电场幅相仿真结果

度波动在 3 dB，相位波动范围在±22.5°均可认为是紧缩场的平面波区范围。

4.2.3　紧缩场暗室设计

在紧缩场暗室设计过程中，一般对微波暗室静区有四点基本要求：①静区的高度 H 应适当大于待测天线的垂直口径；②由于在测试过程中需要对天线进行 360°转动，因此静区的宽度 W 应适当大于待测天线的水平口径；③静区的深度 L 一般应与宽度 W 相当，以保证天线能够做 360°转动测试；④静区中心到反射面中心的距离 R 一般应大于反射面焦距的两倍，以排除待测天线与反射面的耦合，提高测试精度[171,172]。紧缩场暗室的设计如图 4-15 所示。

根据紧缩场的设计原理，远场测量为使收发天线满足远区测试

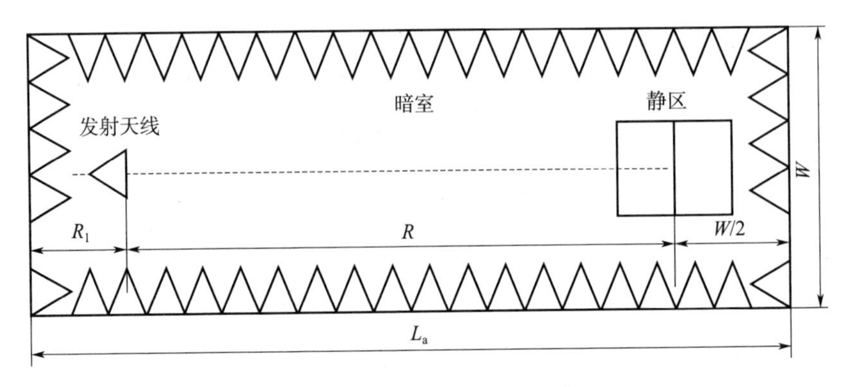

图 4 - 15　紧缩场暗室的设计

条件，收发天线的最小测试距离必须要满足 $R \geqslant 2D^2/\lambda$（此时 D 应该是静区的直径，λ 为最短工作波长）。待测天线（接收端）到暗室后墙距离应约等于暗室宽度 W 的一半，发射端反射面天线距微波暗室前墙的距离 R_1 为 1 m ～ $W/2$，推算出微波暗室的总长度应为

$$L_a = \frac{2D^2}{\lambda} + \frac{W}{2} + R_1 \tag{4-17}$$

微波暗室的宽度和高度由吸波材料允许的入射角决定：

$$\frac{R}{W} = \tan\theta \tag{4-18}$$

或

$$W = R\cot\theta \tag{4-19}$$

当入射角 $\theta = 70^\circ$ 时：

$$W \geqslant \frac{R}{2.75} \tag{4-20}$$

从材料允许的入射角度来看，暗室的高度最好等于宽度，这样可以保证暗室的对称性，获得良好的交叉极化特性。本书紧缩场系统暗室的宽度与高度均为 3 m。

4.3　300 GHz频段紧缩场系统误差分析及控制要求

紧缩场系统静区场测量误差包含主测量系统误差（矢量网络分析仪系统、接收天线、在接收天线进行二维扫描过程中射频电缆形态变化等产生的误差）、辅助测量系统误差（二维金属电控位移台、二维金属转台等引入的反射场）和周围环境（暗室四周墙体）反射引起的误差三部分。由于每次扫描测量时间很短，因此矢量网络分析仪系统引入的误差相对较小。另外，由于测试空间为电波暗室，因此由暗室四周墙体引入的误差也很小。所以，本节主要分析测量平面与紧缩场辐射场等相位面不平行，以及馈源位置改变引入的误差。对系统误差进行分析和研究，可以明确系统在使用时的控制准则，对紧缩场系统接收端转台和馈源精密调整机构的设置和控制精度提出要求。

4.3.1　测量平面与等相位面不平行误差分析

在紧缩场系统平面波区检测过程中，由于系统反射面安装位置、馈源安装位置及接收端二维电控位移台安装位置无法达到绝对理想的状态，因此会出现测量平面与紧缩场辐射场等相位面不一致的情况。本节主要分析测量平面与紧缩场辐射场等相位面不一致引入的误差。从实际情况来看，测量平面与等相位面不平行分别为水平方位角 φ 和俯仰角 θ 偏差两个方面，如图4-16所示。

将4.2.2节中提到的平面波场区范围，即距离反射面中心2.6 m处0.5 m×0.5 m的范围作为考察的平面波场区等相位面，分别考察平面波场区等相位面中心十字的幅相特性，仿真结果如表4-1所

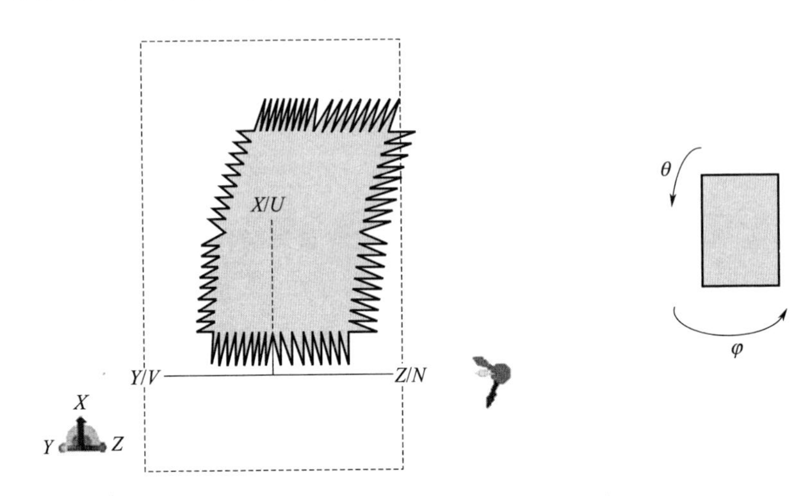

图 4-16 紧缩场系统测量平面误差仿真

示。其中，φ 正方向代表接收端平面向左存在偏角，负方向代表接收端平面向右存在偏角；θ 正方向代表接收端平面存在俯角偏差，负方向代表接收端平面存在仰角偏差。

表 4-1 测量平面与等相位面不平行误差电场幅相分布特性仿真结果

误差类型	水平扫描幅度偏差范围	垂直扫描幅度偏差范围	水平扫描相位偏差范围	垂直扫描相位偏差范围
$\varphi=-4°$	负半轴下降	≤±1 dB 波动	>20 周期（边缘不准确）	2.5 周期递减
$\varphi=-2°$	≤±1 dB 波动	≤±1 dB 波动	16 周期	1 周期递减
$\varphi=2°$	≤±1 dB 波动	≤±1 dB 波动	16 周期	1 周期递减
$\varphi=4°$	正半轴下降	≤±1 dB 波动	>20 周期（边缘不准确）	2.5 周期递减
$\theta=-4°$	≤±1 dB 波动	≤±1 dB 波动	<±90°（边缘降幅大）	>20 周期
$\theta=-2°$	≤±1 dB 波动	≤±1 dB 波动	<±60°（边缘降幅大）	16 周期

续表

误差类型	水平扫描幅度偏差范围	垂直扫描幅度偏差范围	水平扫描相位偏差范围	垂直扫描相位偏差范围
$\theta=2°$	≤±1 dB 波动	≤±1 dB 波动	<±60°(边缘降幅大)	16 周期
$\theta=4°$	≤±1 dB 波动	0～0.1 m 下降	<±60°(边缘降幅大)	>20 周期

从表 4-1 中可以看出，当测量平面与等相位面不平行时，水平方位角存在偏差，则水平扫描相位偏差较大。而当俯仰角存在偏差时，则垂直扫描相位偏差较大。选取典型的幅相分布图进行分析，紧缩场测量平面水平方位角 φ 误差水平扫描幅相分布如图 4-17 和图 4-18 所示，俯仰角 θ 误差垂直扫描幅相分布如图 4-19 和图 4-20 所示。

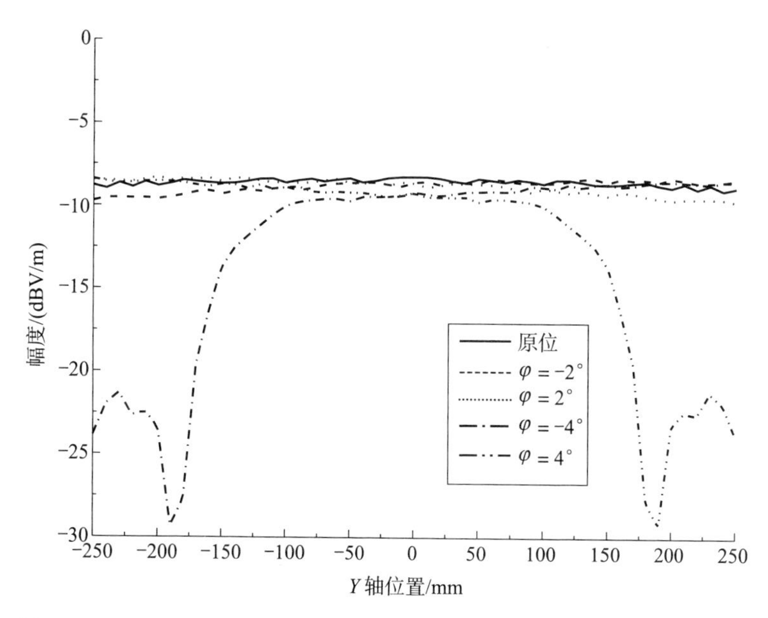

图 4-17　紧缩场测量平面水平方位角 φ 误差水平扫描电场幅度仿真结果

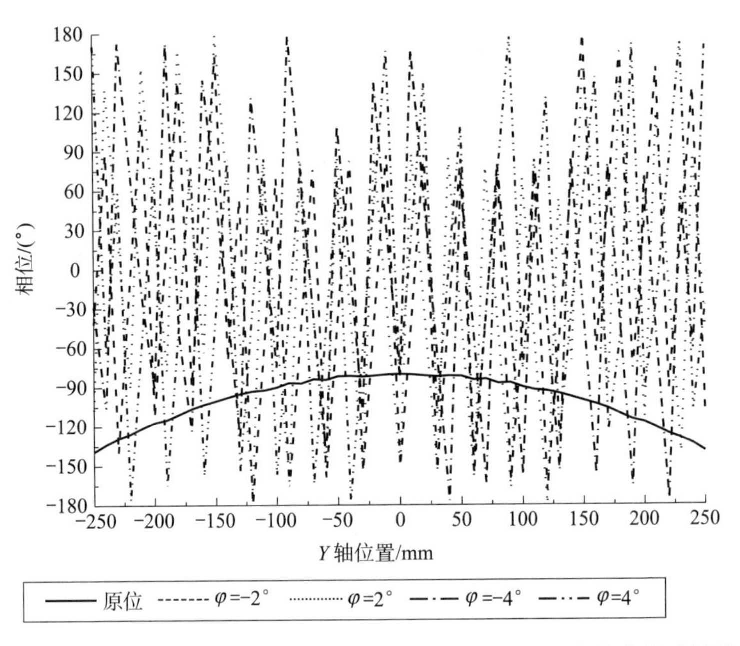

图 4-18　紧缩场测量平面水平方位角 φ 误差水平扫描电场相位仿真结果

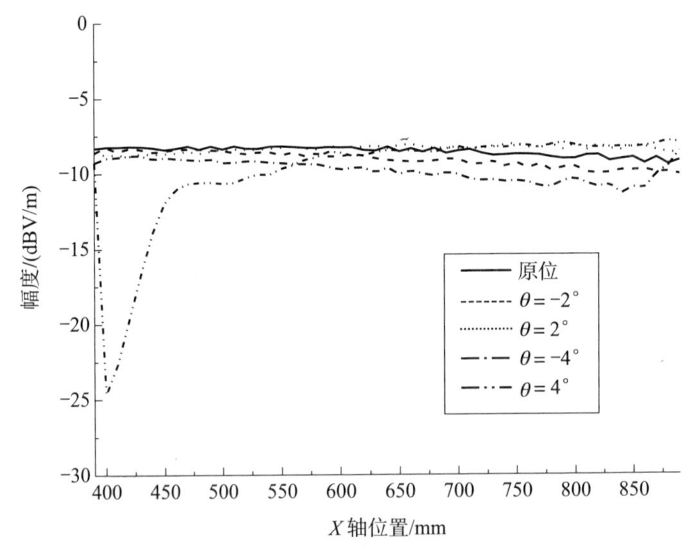

图 4-19　紧缩场测量平面俯仰角 θ 误差垂直扫描电场幅度仿真结果

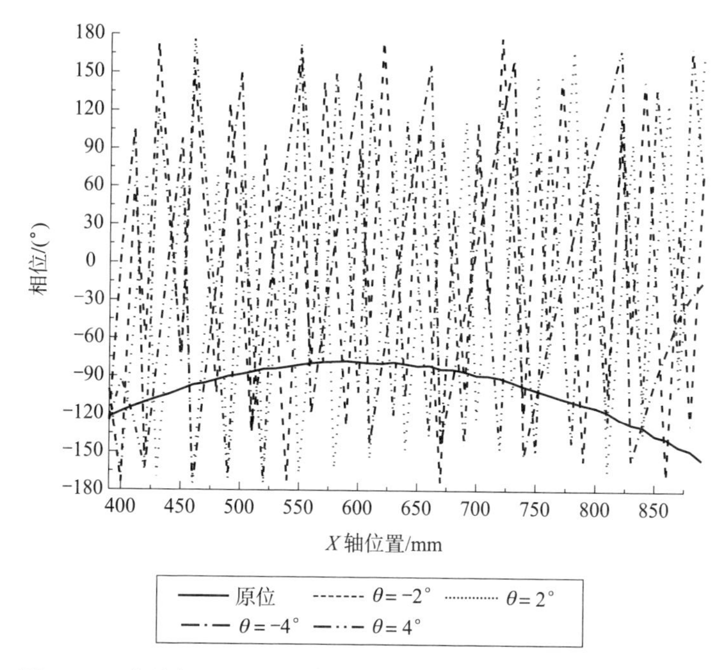

图 4-20　紧缩场测量平面俯仰角 θ 误差垂直扫描电场相位仿真结果

图 4-17 和图 4-18 对紧缩场测量平面在水平维上与平面波区存在水平方位角误差的情况进行了考察，考察的范围为平面波区等相位面中心十字的电场幅度和相位的变化。其中，当水平方位角存在误差时，对水平扫描的幅度和相位影响较为剧烈。如表 4-1 所示，垂直扫描对幅度的影响很小，相位随着角度的增大出现周期性趋势，偏角越大周期性越明显，且水平方位对称。水平扫描对于幅度的波动存在偏角较大无法照射到平面波场区的问题，当水平方位偏角为 4°时，考察范围边缘 0.2 m 处已不在平面波区的范围之内。相位的波动相对更剧烈，当水平方位偏角为 2°时，0.5 m×0.5 m 的相位已经变化 16 个周期，即 5 760°。如果要保证平面波场区相位一致性(按仿真计算±15°左右)，则需保证转台的水平方位角调整精度小于

2/（5 760/30）≈0.01°。

图 4-19 和图 4-20 对紧缩场测量平面在俯仰维上与平面波区存在俯仰角误差的情况进行了考察，考察的范围为平面波区等相位面中心十字的电场幅度和相位的变化。其中，当俯仰角存在误差时，对垂直扫描的幅度和相位影响较为剧烈。如表 4-1 所示，水平扫描对幅度的影响很小，相位随着角度的增大出现中心相位越高，两边变化越剧烈的情况，且俯仰对称。垂直扫描对于幅度的波动同样存在偏角较大无法照射到平面波场区的问题。相位的波动相对更剧烈，当俯仰偏角为 2°时，0.5 m×0.5 m 的相位同样已经变化 16 个周期，即 5 760°。如果要保证平面波场区相位一致性（按仿真计算±15°左右），则需保证转台的俯仰角调整精度小于 2/（5 760/30）≈0.01°。

综上所述，在紧缩场系统装调时，反射面由于其质量和调整难度一般会固定在一个位置，因此出现平面波区等相位面不平行的问题时需要调节接收端的二维转台。根据以上分析，接收端二维转台在 300 GHz 频段下水平方位角和俯仰角的精度均应小于 0.01°。

4.3.2 馈源位置对紧缩场静区的影响

由于太赫兹频段紧缩场系统测量波长短，因此一些细微的偏差可能造成系统测试平面波场区存在幅相不一致的情况。另外，由于太赫兹频段矢网是波导直馈，且由于拉力的影响，因此馈源的位置和角度距离焦点可能有所偏差。与 4.3.1 节不同，馈源引入的误差可能存在于 X、Y、Z、φ、θ 五个方向。下面分别对五个方位上引入的误差进行讨论。如图 4-21 所示，其中定义五个维度分别如下：

1）X 方位：馈源垂直于地面，平行于等相位面移动，正方向向上，负方向向下；

2）Y 方位：馈源平行于地面，平行于等相位面移动，正方向向左，负方向向右；

3) Z 方位：馈源平行于地面，垂直于等相位面移动，正方向向外，负方向向内；

4) φ 方位：馈源以焦点为轴在其水平维转动，正方向向左转动，负方向向右转动；

5) θ 方位：馈源以焦点为轴在其俯仰维转动，正方向俯角转动，负方向仰角转动。

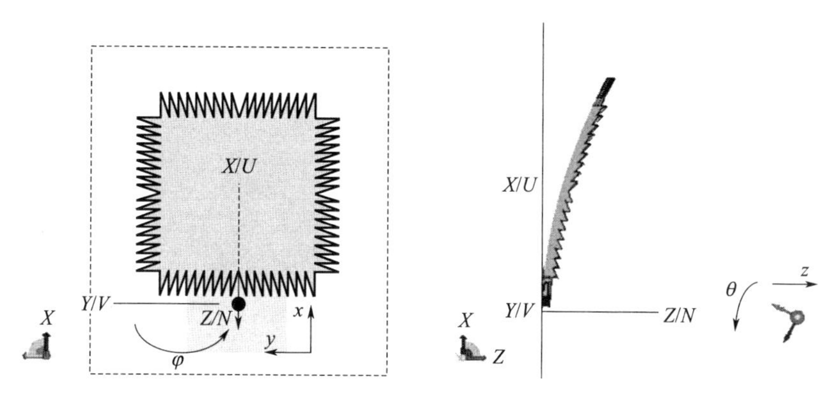

图 4-21　紧缩场系统馈源位置误差仿真

将 4.2.2 节中提到的平面波场区范围，即距离反射面中心 2.6 m 处 0.5 m×0.5 m 的范围作为考察的平面波场区等相位面，分别考察平面波场区等相位面中心十字的幅相特性，仿真结果如表 4-2 所示。

表 4-2　馈源位置误差电场幅相分布特性仿真结果

误差类型	水平扫描幅度偏差范围	垂直扫描幅度偏差范围	水平扫描相位偏差范围	垂直扫描相位偏差范围
$X=\pm5$ mm	<±0.5 dB 波动	<±0.5 dB 波动	<±15°稳定	2 周期
$X=\pm10$ mm	<±0.5 dB 波动	<±1 dB 波动	<±15°稳定	3.5 周期

续表

误差类型	水平扫描幅度偏差范围	垂直扫描幅度偏差范围	水平扫描相位偏差范围	垂直扫描相位偏差范围
$Y=\pm5$ mm	<±0.5 dB 波动	<±0.5 dB 波动	2 周期	<±15°稳定
$Y=\pm10$ mm	<±0.5 dB 波动	<±0.5 dB 波动	3.5 周期	<±15°稳定
$Z=\pm5$ mm	<±0.5 dB 波动	<±0.5 dB 波动	≤±7.5°稳定	1 周期
$Z=\pm10$ mm	<±0.5 dB 波动	<±0.5 dB 波动	趋近于 0°稳定	2 周期
$\varphi=\pm2°$	<±1 dB 波动	<±1 dB 波动	≤60°存在位移	<±15°稳定
$\varphi=\pm4°$	<±1 dB 波动	<±1 dB 波动	≤80°存在位移	<±15°稳定
$\theta=\pm2°$	<±1 dB 波动	<±1 dB 波动	<±15°稳定	≤60°存在位移
$\theta=\pm4°$	<±1 dB 波动	<±1 dB 波动	<±15°稳定	≤90°存在位移

从表 4-2 中可以看出，当馈源位置有所偏差时，若水平方位角和水平位移存在偏差，则水平扫描相位偏差较大；而当俯仰角和垂直位移存在偏差时，则垂直扫描相位偏差较大。当馈源纵深方向存在位移偏差时，会出现一些特殊的情况。以下选取典型的幅相分布图进行分析。由于馈源位置对紧缩场系统幅度偏差部分影响较小，因此只选取相位分布图进行分析。紧缩场馈源 X 方位误差垂直扫描电场相位仿真结果如图 4-22 所示，Y 方位误差水平扫描电场相位仿真结果如图 4-23 所示，Z 方位误差水平扫描电场相位仿真结果如图 4-24 所示，Z 方位误差垂直扫描电场相位仿真结果如图 4-25 所示。φ 方位误差水平扫描电场相位仿真结果如图 4-26 所示，θ 方位误差垂直扫描电场相位仿真结果如图 4-27 所示。

对于紧缩场馈源在 X 方位误差（馈源在反射面上下方向存在位移差）的考察，范围为平面波区等相位面中心十字的电场幅相的变化。其中，馈源上下方位存在位移差时，水平扫描的幅相及垂直扫

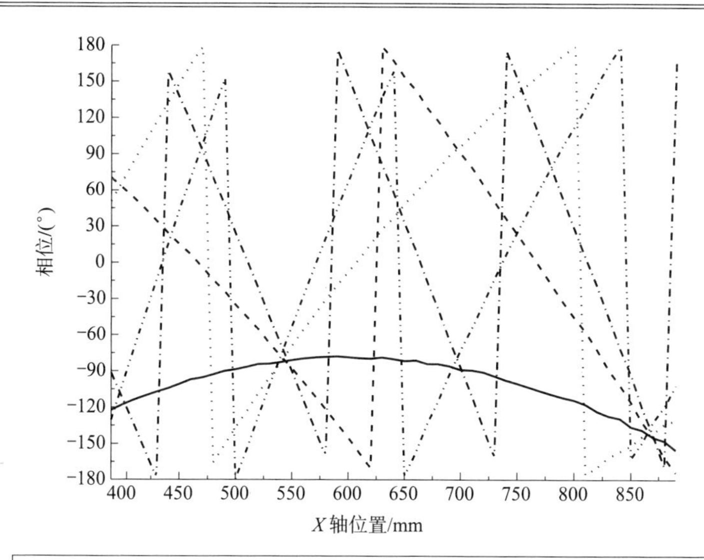

图 4-22　紧缩场馈源 X 方位误差垂直扫描电场相位仿真结果

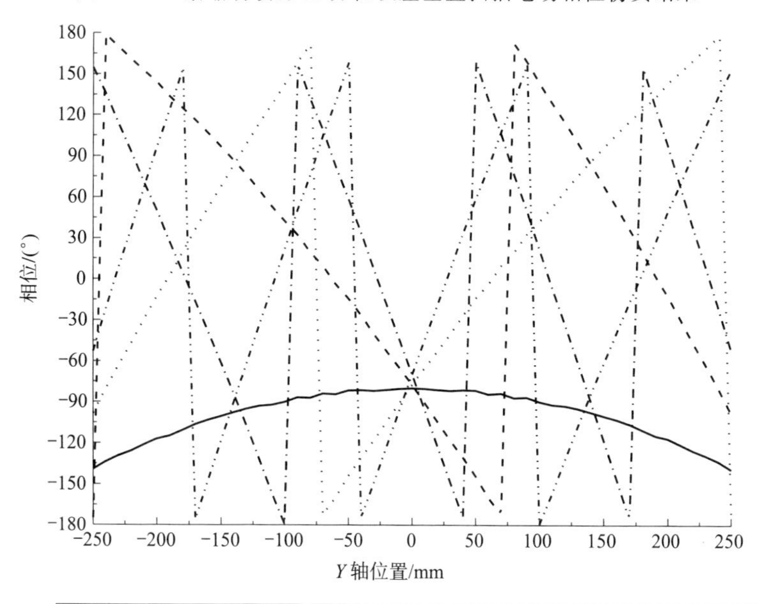

图 4-23　紧缩场馈源 Y 方位误差水平扫描电场相位仿真结果

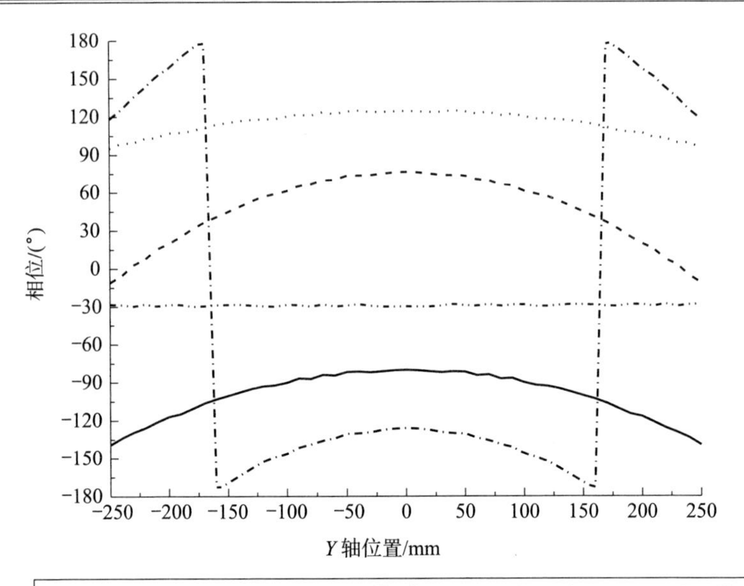

图 4－24　紧缩场馈源 Z 方位误差水平扫描电场相位仿真结果

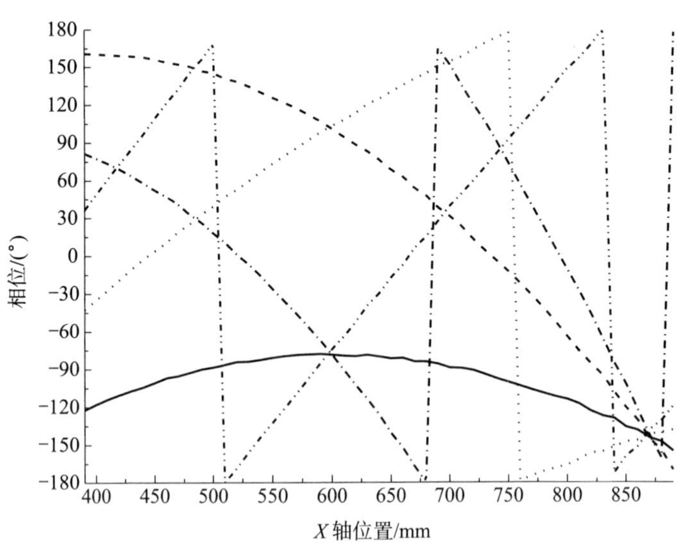

图 4－25　紧缩场馈源 Z 方位误差垂直扫描电场相位仿真结果

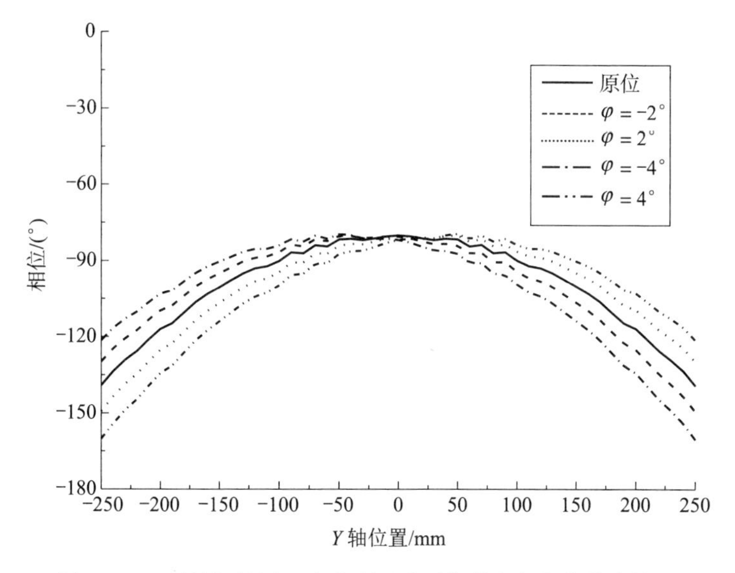

图 4-26　紧缩场馈源 φ 方位误差水平扫描电场相位仿真结果

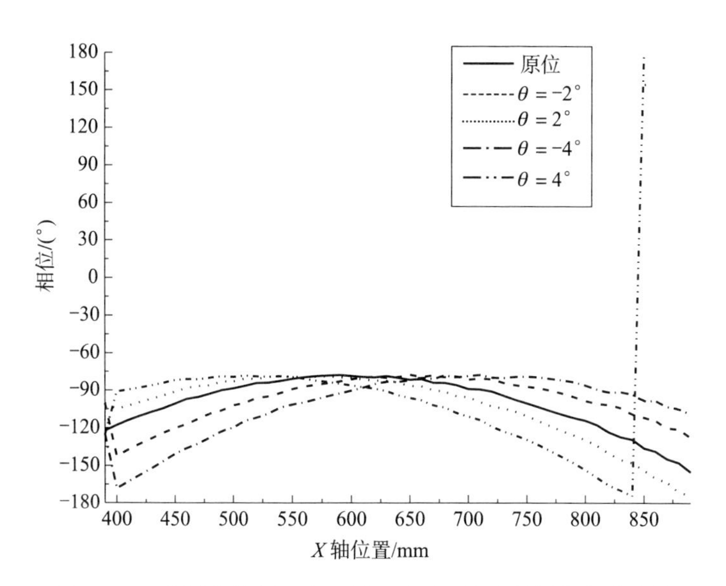

图 4-27　紧缩场馈源 θ 方位误差垂直扫描电场相位仿真结果

描的幅度变化很小；而垂直扫描的相位（图 4-22）出现了周期性变化，当位移方向向上时相位周期性递增，位移方向向下时相位周期性递减，增减按照移动幅度几乎对称。紧缩场馈源在 X 方向移动 5 mm 时考察平面 0.5 m×0.5 m 范围内的相位增减幅度约小于 2 个周期，即 720°；移动 10 mm 时相位增减幅度约为 3.5 周期，即 1 260°。如果保证平面波场区相位一致性（按仿真计算±15°左右），则需保证馈源精密调整机构上下方位调整精度小于 5/（720/30）≈0.2（mm）。

对于紧缩场馈源在 Y 方位误差（馈源在反射面左右方向存在位移差）的考察，范围为平面波区等相位面中心十字的电场幅相的变化。其中，馈源左右方位存在位移差时，水平扫描的幅度及垂直扫描的幅相变化很小；而水平扫描的相位（图 4-23）出现了周期性变化，当位移方向向左时相位周期性递增，位移方向向右时相位周期性递减，增减按照移动幅度几乎对称。紧缩场馈源在 Y 方向移动 5 mm 时考察平面 0.5 m×0.5 m 范围内的相位增减幅度约小于 2 个周期，即 720°；移动 10 mm 时相位增减幅度约为 3.5 周期，即 1 260°。如果保证平面波场区相位一致性（按仿真计算±15°左右），则需保证馈源精密调整机构左右方位调整精度小于 5/（720/30）≈0.2（mm）。

对于紧缩场馈源在 Z 方位误差（馈源在反射面内外方向存在位移差）的考察，范围为平面波区等相位面中心十字的电场幅相的变化。其中，馈源内外方位存在位移差时，对于水平扫描和垂直扫描的幅度变化很小，而相位变化趋势很明显且特殊。水平扫描时，相位曲线（图 4-24）极值点保持在中心位置，但曲线起伏范围不同。馈源离反射面越远，相位平整度越高，原因是馈源距离反射面越远，反射面收纳馈源的波束宽度越小。当馈源向外移动 5 mm 时，相位平整度从±15°到±7.5°；而向外移动 10 mm 时，相位平整度基本趋于 0°。如果保证平面波场区相位一致性（按仿真计算±15°左右），则需保证馈源精密调整机构前后方位调整精度小于 5/（30/15）＝2.5（mm）。数字虽大，但是与平面波场区相位一致性的标准定位相关。垂直扫描时，相位曲线（图 4－25）出现了周期性变化，当位移方向向外时相位周期性递增，位移方向向内时相位周期性递减，增减按照移动幅度几乎对称。紧缩场馈源在 Z 方向移动 5 mm 时考察平面 0.5 m×0.5 m 范围内的相位增减幅度约小于 1 个周期，即 360°；移动 10 mm 时相位增减幅度约为 2 周期，即 720°。如果保证平面波场区相位一致性（按仿真计算±15°左右），则需保证馈源精密调整机构前后方位调整精度小于 10/（720/30）≈0.4（mm）。

对于紧缩场馈源在 φ 方位误差（馈源在反射面水平方位存在角度差）的考察，范围为平面波区等相位面中心十字的电场幅相的变化。其中，馈源水平方位角存在角度差时，水平扫描的幅度及垂直扫描的幅相变化很小，而水平扫描的相位（图 4－26）存在左右方向上的位移。由于考察平面范围一定，因此在水平方位角变化 2°时考察平面范围内角度波动为 60°，水平方位角变化 4°时考察平面范围内角度波动为 80°。如果保证平面波场区相位一致性（按仿真计算±15°左右），则需保证馈源精密调整机构水平方位角调整精度小于 2/（60/30）＝1（°）。

对于紧缩场馈源在 θ 方位误差（馈源在反射面俯仰方位存在角度差）的考察，考察的范围为平面波区等相位面中心十字的电场幅相的变化。其中，馈源俯仰角存在角度差时，垂直扫描的幅度及水平扫描的幅相变化很小，而垂直扫描的相位（图 4－27）存在左右方向上的位移。由于考察平面范围一定，因此在俯仰角变化 2°时考察平面范围内角度波动为 60°，俯仰角变化 4°时考察平面范围内角度波动为90°。如果保证平面波场区相位一致性（按仿真计算±15°左右），则需保证馈源精密调整机构俯仰角调整精度小于2/（60/30）=1（°）。

综上所述，馈源五维精密调整机构相比于接收端的二维转台调整机构敏感度稍弱，在X、Y、Z三个位移维上，调整精度要小于0.2 mm；而在φ和θ两个角度维上，调整精度要小于1°。但是，由于焦点的位置只有一个定点而非一个面或体，因此馈源精密调整机构的设置在300 GHz频段的紧缩场系统还是有必要的。

4.3.3 控制要求

从4.3.1节和4.3.2节对300 GHz频段紧缩场系统测量平面与等相位面不平行，以及馈源与焦点位置存在偏差的两种误差进行分析，本节给出紧缩场系统误差的控制准则。

在300 GHz频段紧缩场系统引入接收端二维精密转台调整机构是必要的。因为在紧缩场系统装调时，反射面由于其质量和调整难度一般会固定在一个位置，因此出现平面波区等相位面不平行的问题需要调节接收端的二维转台。根据仿真结果可以得出，接收端二维转台在300 GHz频段下水平方位角和俯仰角的步进角精度均需要小于0.01°。

在300 GHz频段紧缩场系统引入馈源五维精密调整机构也是必要的。由于焦点的位置只有一个定点而非一个面或体，因此馈源五维精密调整机构必须作为300 GHz频段紧缩场系统固定的配套设施。根据仿真结果可以得出，馈源五维精密调整机构相比于接收端的二维转台调整机构敏感度稍弱，在X、Y、Z三个位移维上，调整精度要小于0.2 mm；而在φ和θ两个角度维上，调整精度要小于1°。

4.4　300 GHz 频段紧缩场系统实验样机研制与性能检测验证

按照 4.2 节对紧缩场系统馈源、反射面天线及暗室的仿真设计，以及 4.3 节针对紧缩场系统馈源和接收端转台的误差分析，本书研制了一套 300 GHz 频段紧缩场系统实验样机，并在符合设计准则的微波暗室内测试 300 GHz 频段紧缩场系统辐射的静区平面波场的电场幅度和相位分布数据，从而完成系统实验样机的性能检测验证。

4.4.1　实验样机系统设计

根据 4.2.3 节对紧缩场系统暗室的设计准则，系统实验样机的性能检测选在中电 41 所研发楼 8 层微波暗室进行。微波暗室尺寸为 6 m×3 m×3 m，屏蔽效能经检测背景噪声可达到−110 dB，符合紧缩场暗室设计准则。整体测试系统如图 4-28 所示。

根据 4.2 节的紧缩场系统设计及 4.3 节紧缩场系统误差分析，本书研制了一套单反射面型紧缩场测试系统实验样机。系统包括紧缩场实验样机主测试系统和辅助测试系统。

（1）紧缩场系统实验样机主测试系统

根据紧缩场系统三要素，紧缩场系统单反射面（旋转抛物面、边缘锯齿处理）及其支架如图 4-29 所示。

反射面口径为 1.2 m，焦距 $f = 1.3$ m。经此前理论分析和仿真验证，反射面覆盖馈源天线方向的 1 dB 波瓣宽度范围可保证其幅度一致性，反射面四周的锯齿分布可保证其相位一致性。紧缩场技术指标如下：300 GHz 频段相位一致性要求相位差≤±22.5°，幅度一致性要求幅度差≤±3 dB。

图 4-28 300 GHz 频段紧缩场系统实验样机测试系统

测试用紧缩场馈源组如图 4-30 所示，依次为：HD-320CATRF（用于 8 mm 频段测试）两只，馈源波导为 WR28（26.3～40 GHz），口径 7.5 mm，如图 4-30（a）所示；HD-900CATRF（用于 3 mm 频段）两只，馈源波导为 WR10（73.8～112 GHz），口径 2 mm，如图 4-30（b）所示；HD-2600CATRF（300 GHz 频段）两只，馈源波导为 WR3（220～325 GHz），口径 1 mm，如图 4-30（c）所示。

（2）紧缩场系统实验样机辅助测试系统

辅助测试系统包括馈源位置调整机构、测试支架、测试仪器设

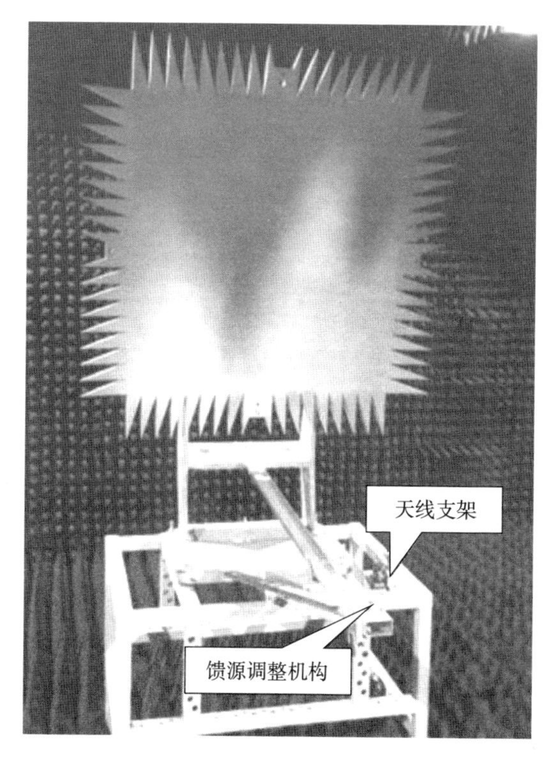

图 4－29　紧缩场系统单反射面及其支架

(a)HD-320CATRF

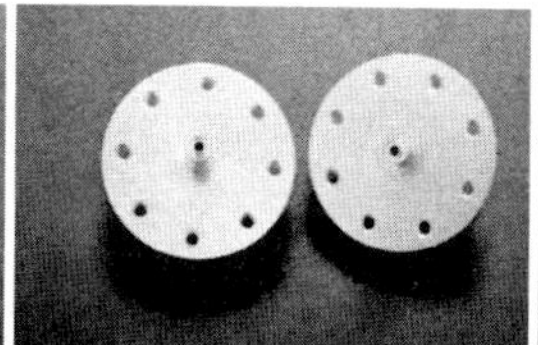

(b)HD-900CATRF

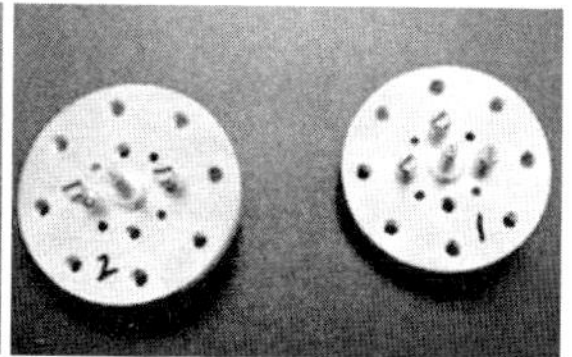

(c)HD-2600CATRF

图 4－30　测试用紧缩场馈源组

备等，其中馈源位置调整机构和接收端调整机构按照 4.3 节误差控制准则选取。

馈源位置调整机构包括固定馈源支架、可调馈源支架各一只，以及馈源端二维电控位移台一套（包含长度 0.2 m 的水平导轨、长度 0.2 m 的垂直导轨、水平步进电动机、垂直步进电动机，步进精度可达到 0.01 m），如图 4-31 所示。

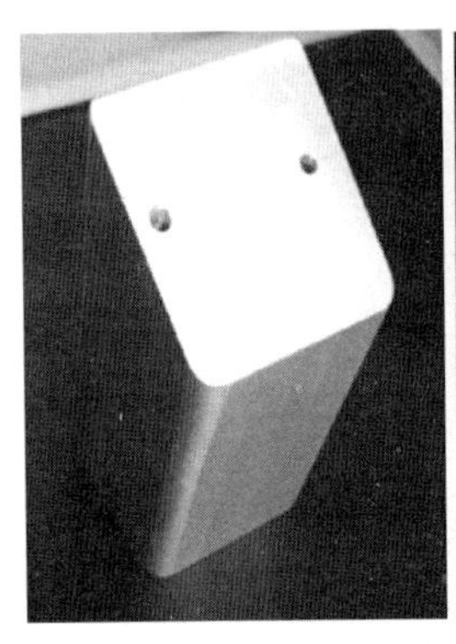

(a)固定馈源支架

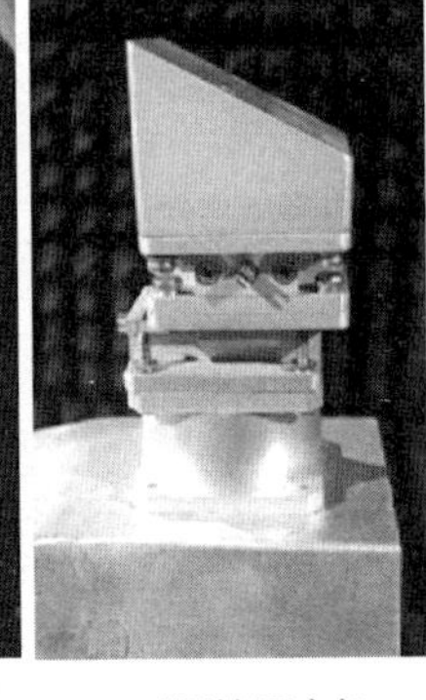

(b)可调馈源支架

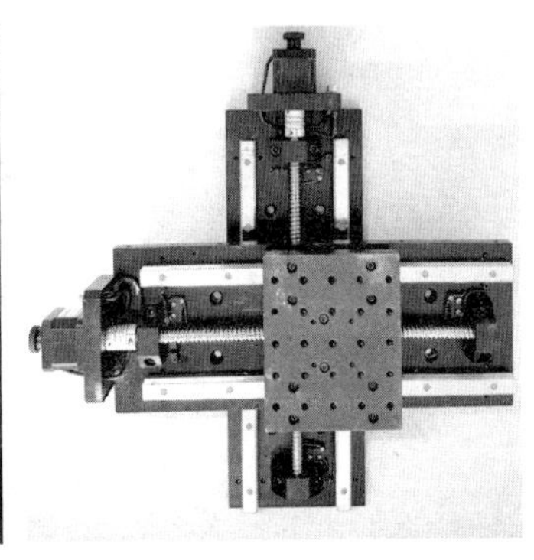

(c)电控位移台

图 4-31 馈源位置调整机构

单天线测试支架、双天线测试支架各一只，如图 4-32 所示。

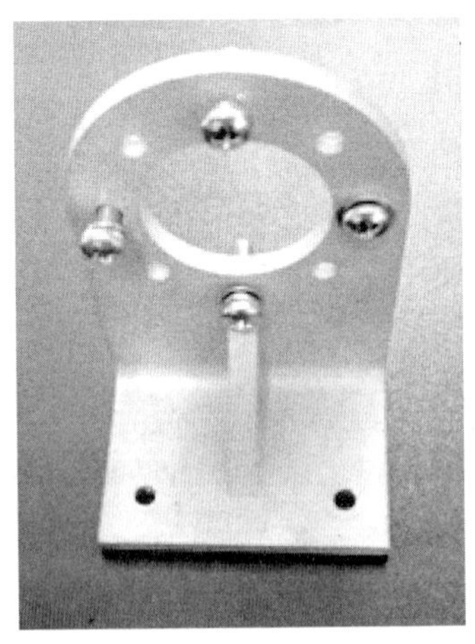

(a)单天线测试支架

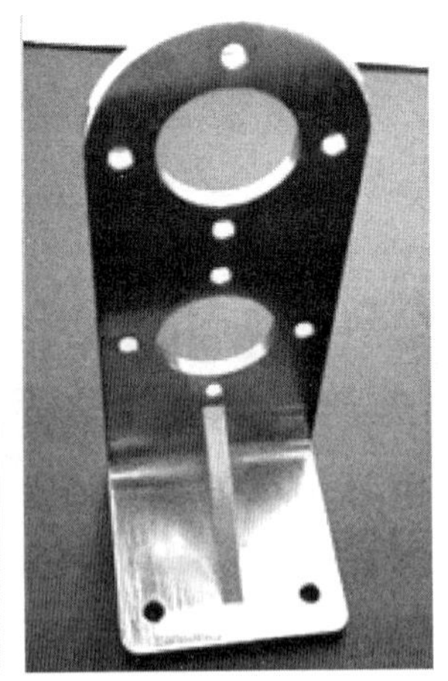

(b)双天线测试支架

图 4-32 测试支架

接收端二维电控位移台一套（包含长度 0.5 m 的水平导轨、长度 0.5 m 的垂直导轨、水平步进电动机、垂直步进电动机、KZ400B 控制器，步进精度可达到为 0.01 m），以及接收端电控二维转台（用于支撑接收端二维电控位移台，步进精度可达到 0.05°），如图 4 - 33 所示。

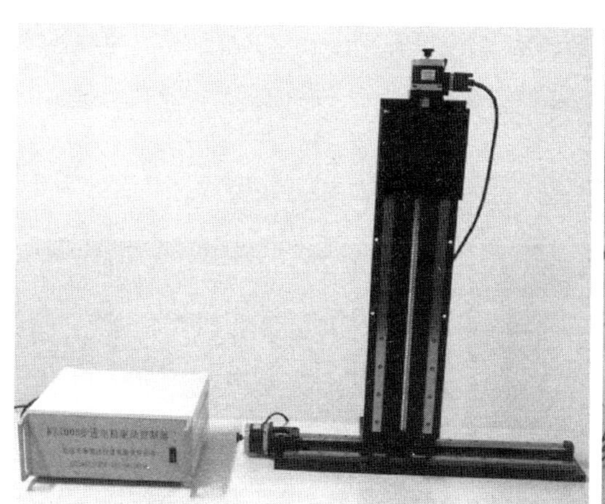

(a)接收端二维电控位移台

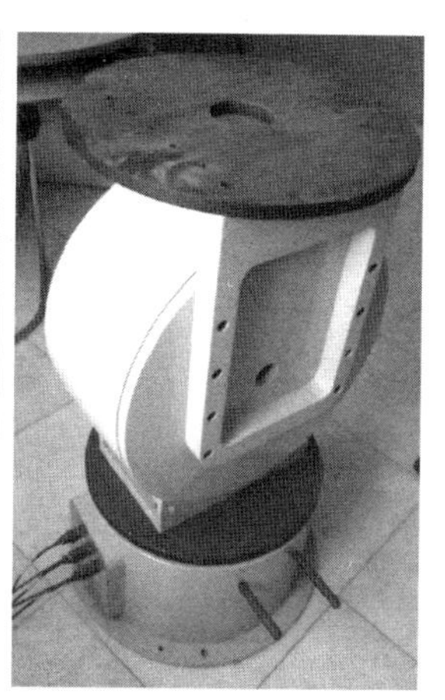

(b)接收端二维电控转台

图 4 - 33　接收端二维电控位移台（0.5m×0.5m）及接收端电控二维转台

测试仪器设备如下：

S 参数扩频测试模块两组，工作频率分别为 100～170 GHz（AV3646A）和 220～325 GHz（AV3649A，如图 4 - 34 所示）；与测试模块配套的 AV3640A 倍频模块一台。

AV3672B（用于测试）、AV3655B（用于二维电控位移台串口控制）矢量网络分析仪各一台，如图 4 - 35 所示。

（3）其他辅助设备

接收端接收天线支撑机构一套、激光定位仪一只、M6 螺栓和尼龙扎带若干、吸波材料若干（用于包覆金属支架等）。

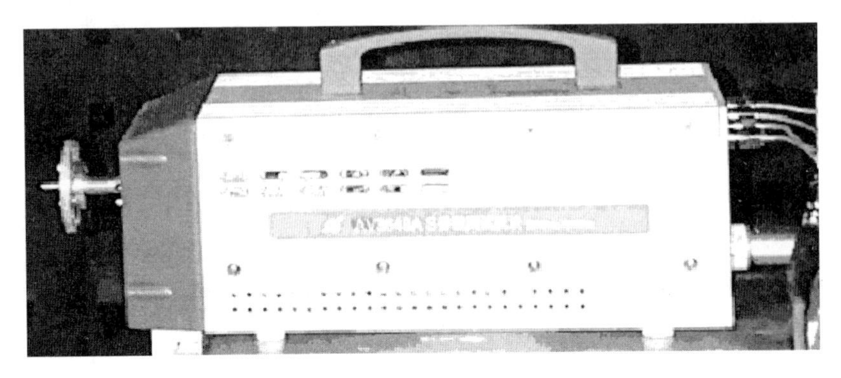

图 4-34　扩频测试模块

(a)AV3672B(上)和AV3640A(下)

(b)AV3655B

图 4-35　测试仪器

4.4.2　系统性能检测原理及方法

（1）系统性能检测原理

紧缩场系统性能检测内容主要为辐射的平面波场区（0.5 m×0.5 m）的电场幅度和相位分布，检测原理如图 4-36 所示。其中，倍频模块和测试仪器等根据具体实验环境和条件而定，图中仅为本次在中电 41 所 300 GHz 频段测试使用的仪器。

理论上平面电磁波的场振幅是与坐标变量无关的常量，故在一个等相位平面的所有场点上，场量的方向和大小都相同。根据该准

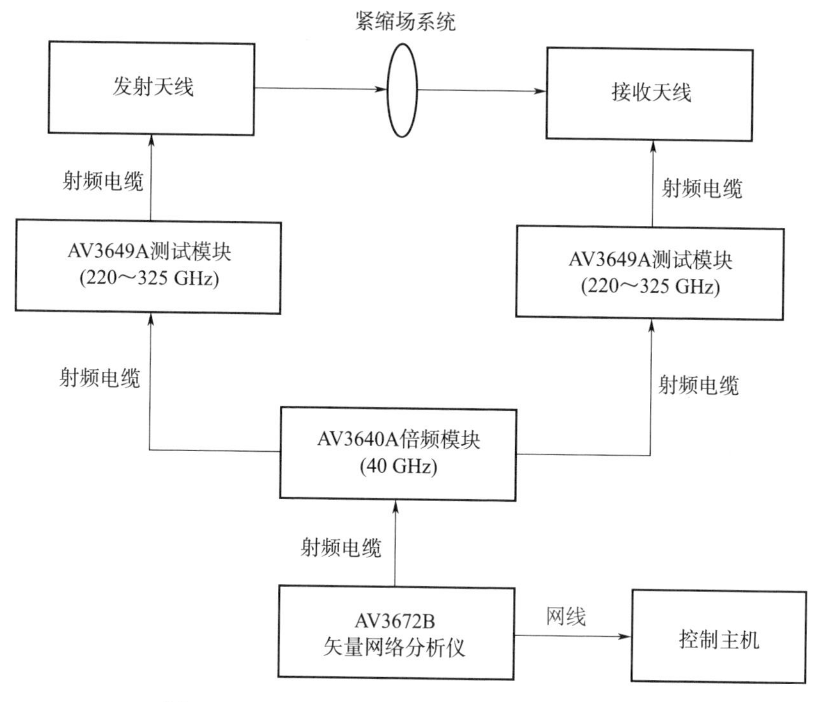

图 4-36　紧缩场性能检测原理（300 GHz 频段）

则，我们的考察内容为紧缩场辐射静区平面波场的等相位面上幅度和相位波动情况。

利用接收端电动二维电控位移台（0.5 m×0.5 m）带动接收天线在垂直于电磁波传播方向的平面（静区平面波场等相位面）上进行二维扫描，在矢量网络分析仪上观察并实时记录每一行程中收发通道的 S21 幅值和相位数据。如果满足平面电磁波的指标要求，即等相位面上电场幅度大小相同，即可判定该范围为平面波场区。

（2）系统性能检测方法与步骤

1）反射面紧缩场系统安装。紧缩场反射面口面至接收天线口面距离大于指标要求的 2.6 m，紧缩场反射面中心至接收天线中心的连接线需要与紧缩场辐射静区平面波场垂直，接收端二维电控位移台垂直维和水平维行程中心对准紧缩场反射面中心，需要保证二维电控位移台扫描平面平行于静区平面波场并垂直于地面，紧缩场反射面支撑座、接收端二维转台均需要用吸波材料覆盖，保证从馈源天线主瓣方向半球面内无金属等电波反射物，测量仪器位于紧缩场主波束侧面并用吸波材料或吸波屏遮挡。

2）紧缩场反射面安装位置调整。将发射接收扩频模块与天线连接并按测试实际位置摆放，设置矢网信号频率为测试中心频率，设置二维电控位移台在 $X=250$ mm 位置垂直扫描并分别记录 S21 幅、相数据，依照曲线状态调整紧缩场反射面水平偏置。调整完毕后，重设二维电控位移台，设定二维电控位移台在 $Y=250$ mm 位置水平扫描并分别记录 S21 幅、相数据，依照曲线状态调整紧缩场反射面俯仰偏置。其中，X 轴代表扫描平面水平方向，Y 轴代表扫描平面垂直方向。

3）馈源位置调整。将接收天线置于 0.5 m×0.5 m 二维扫描面的中心点，设置矢网信号频率为测试中心频率，观察 S21 曲线，在焦点所在一定范围内调整馈源精密调整机构。当 S21 达到幅度最大时，固定此馈源位置为实际馈源安装位置。

4）紧缩场系统平面波场区测量。参数设置同步骤 2)，二维电控位移台按照垂直高度间隔 0.1 m 从上至下依次进行水平运动，并分别记录 S21 幅、相数据，依据六组曲线数据幅度差≤±3 dB、相位差≤±22.5°确定出紧缩场系统平面波场区范围。电控位移台垂直运动判定同样遵循该原则。

注：若平面波场区范围过小，则可以改变紧缩场反射面口面至接收天线口面的距离，重新进行第 4）步测量。

(3) 紧缩场静区平面波场测试调整方法

1) 系统接收端安装位置调整。在上述测试步骤中，调整紧缩场反射面水平和俯仰偏置较为困难。由于反射面重达250 kg且锯齿部分较为锋利，因此只能利用在反射面和反射面支架中间加载金属垫片的方法，或者利用双螺母调节将反射面顶起的方法进行调节。由于该方法只能达到粗略的调整且存在一定的危险性，出于精度要求和测试人员的安全考虑，需要对接收端电控二维转台及二维电控位移台的安装位置进行调整，使得接收端二维电控位移台的扫描平面与紧缩场反射面辐射的静区平面波场等相位面平行。

在调整紧缩场接收端二维电控位移台俯仰或水平方位角偏置过程中，根据紧缩场系统误差分析的仿真结果，当紧缩场系统扫描测试平面与平面波场区不平行时，需按照至少0.01°步进精度角调整接收端二维转台。例如，当$X=250$ mm处Y从0～500 mm各点测试S21相位曲线存在明显线性或周期性变化趋势时，需要微调电控二维转台俯仰角，具体方向视情况而定。若相位曲线出现的递增或递减趋势更剧烈，则需将俯仰角反方向调整，反之若趋势变缓则需将俯仰角继续向同方向调整，调整至出现缓慢变化的峰值或谷值在$Y=250$ mm处或出现无递增或递减的波动趋势可认为位置调整完毕。水平方位角调整同样遵循该原则。

2) 馈源位置调整。由此前仿真结果可知，馈源位置对紧缩场辐射静区平面波场的影响没有接收端平面剧烈，所以需要先固定反射面和接收端，在反射面安装位置固定好后，根据测试结果计算测试平面波场幅度差和相位差与指标要求范围的差距。如幅度差较大，则需向后微调馈源天线位置，参考仿真结果，保证馈源天线在焦点处（距反射面中心1.3 m）不偏离较多的情况下，使反射面包围发射馈源天线辐射方向的范围在1 dB波瓣宽度范围；如相位差较大，则需要调整馈源的三维位置及二维转角，调整精度需符合误差分析仿真结果。由于目前实验条件所限，馈源支撑斜面的角度无法达到精细的电控调整需求。如需调整馈源的俯仰或方位角度，只能通过在支撑斜面或发射扩频模块底部四边中心垫薄金属垫片的方法来粗调馈源天线的角度。调整的范围依据测试结果而定。

4.4.3 300 GHz频段紧缩场装调及静区平面波场测试

发射端反射面中心距底面高度1 m，反射面支架高度0.8 m，二维电控位移台中心位置距底面0.4 m，转台加过渡段为1.4 m。反射面中心距位移台2.6 m。馈源部分利用可调馈源支架和单天线支架支撑，两只馈源天线分别作为发射和接收天线，利用S参数测试扩频模块和与其配套使用的AV3640A倍频模块进行倍频。接收端天线与测试扩频模块相接，测试扩频模块被架设在接收天线支撑结构上。矢网的型号为AV3672B，发射功率设定在−5 dBm。电控位移台控制系统为KZ400B步进电动机控制程序，利用RS-232串口线连接AV3655B矢网控制其运行，并用自带笔记本计算机通过网线和集线器控制AV3672B和AV3655B矢网。

遵循误差分析得到的调整方案，将紧缩场接收端二维转台和馈源位置调整机构调整至最佳状态后，本书进行该紧缩场系统实验样机静区平面波场的幅相特性检测实验。考察频段由低到高分别为8 mm频段、3 mm频段、1.25 mm频段和1 mm频段，每个频段各选择一个典型频点进行详细考察。考察内容为距离反射面中心$2f=2.6$ m距离处0.5 m（水平维）×0.5 m（垂直维）范围内，紧缩场系统静区的电场幅相分布数据。按照4.4.2节“(2) 系统性能检测方法与步骤”给出的步骤，先考察$X=250$ mm和$Y=250$ mm中轴线的幅相特性，再按照$Y=0$、100 mm、200 mm、300 mm、400 mm、

500 mm 六个位置依次扫描，确定系统平面波场区范围。按照实验过程，测量项目及其参数如表 4 - 3 所示。

表 4 - 3　紧缩场系统静区平面波场幅相分布特性测量项目及其参数

工作频段	典型频点/GHz	固定位置	扫描检测内容
8 mm 频段	32	X=250 mm	间隔 10 mm,垂直维幅相分布
8 mm 频段	32	Y=250 mm	间隔 10 mm,水平维幅相分布
8 mm 频段	32	Y=0～500 mm, 100 mm 步进	间隔 10 mm,水平维幅相分布
3 mm 频段	110	X=250 mm	间隔 25 mm,垂直维幅相分布
3 mm 频段	110	Y=250 mm	间隔 25 mm,水平维幅相分布
3 mm 频段	110	Y=0～500 mm, 100 mm 步进	间隔 25 mm,水平维幅相分布
1.25 mm 频段	220	X=250 mm	间隔 25 mm,垂直维幅相分布
1.25 mm 频段	220	Y=250 mm	间隔 25 mm,水平维幅相分布
1.25 mm 频段	220	Y=0～500 mm, 100 mm 步进	间隔 25 mm,水平维幅相分布
1 mm 频段	300	X=250 mm	间隔 10 mm,垂直维幅相分布
1 mm 频段	300	Y=250 mm	间隔 10 mm,水平维幅相分布
1 mm 频段	300	Y=0～500 mm, 100 mm 步进	间隔 10 mm,水平维幅相分布

选取四个工作频率最具有代表性的 X =250 mm 垂直维幅相分布和 Y =250 mm 水平维幅相分布，如图 4 - 37～图 4 - 44 所示，图上实线部分为幅度分布范围，虚线部分为相位分布范围。

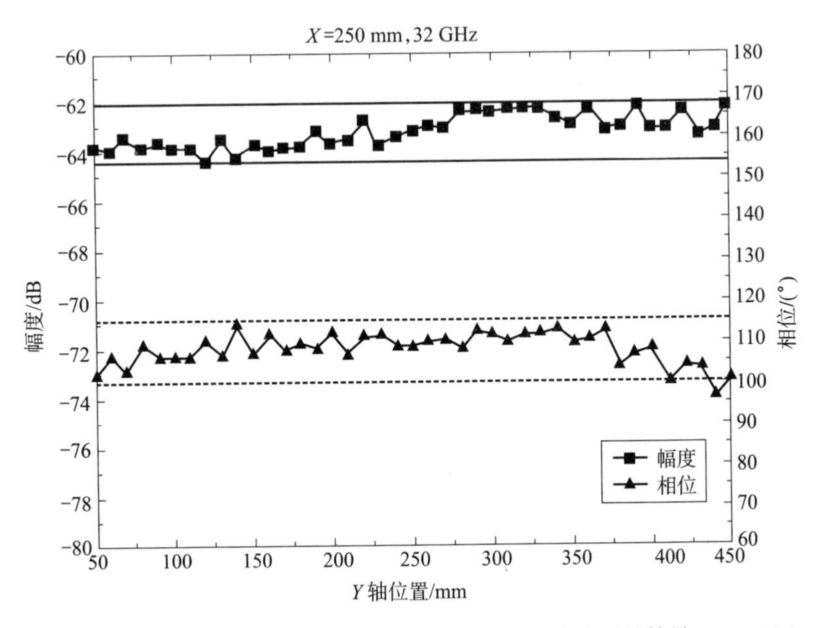

图 4-37　X =250 mm 紧缩场系统静区幅相特性垂直维测量结果（32 GHz）

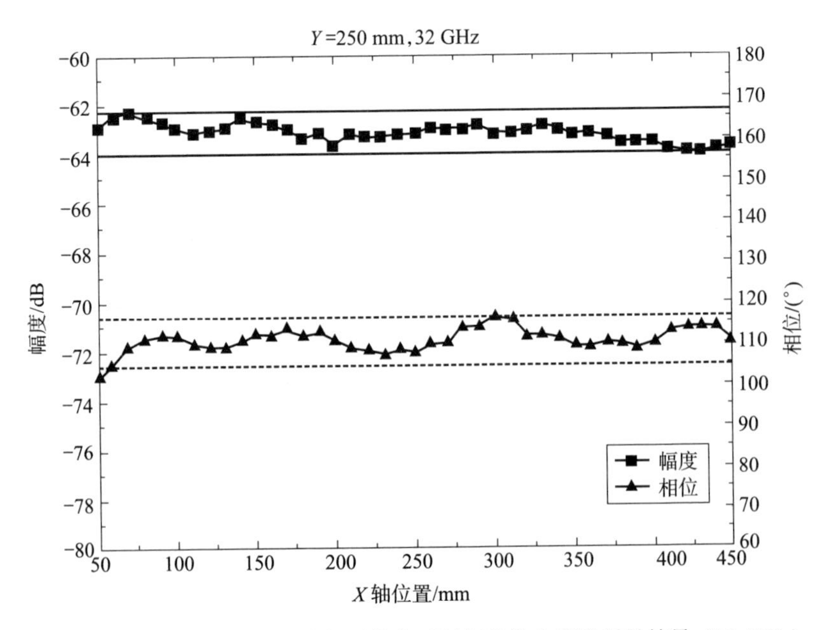

图 4-38　Y =250 mm 紧缩场系统静区幅相特性水平维测量结果（32 GHz）

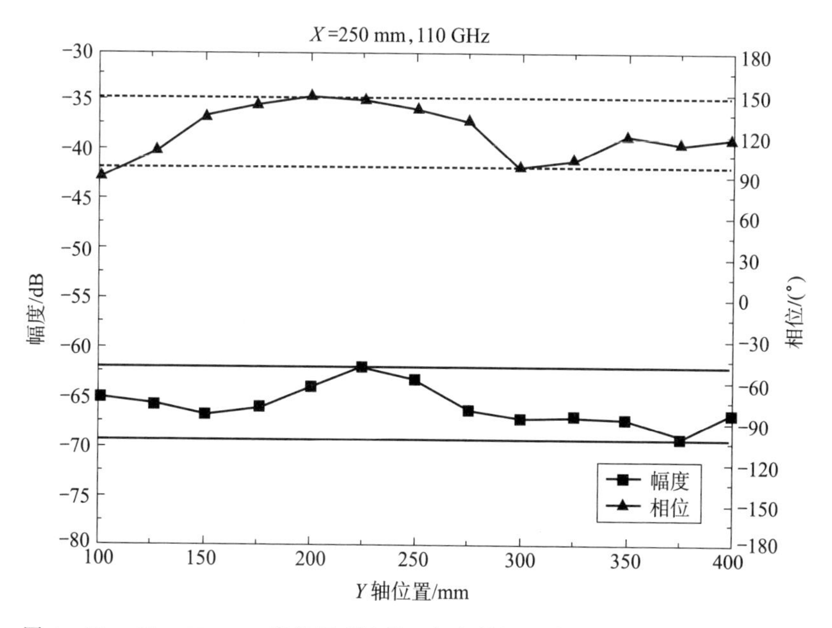

图 4-39　X =250 mm 紧缩场系统静区幅相特性垂直维测量结果（110 GHz）

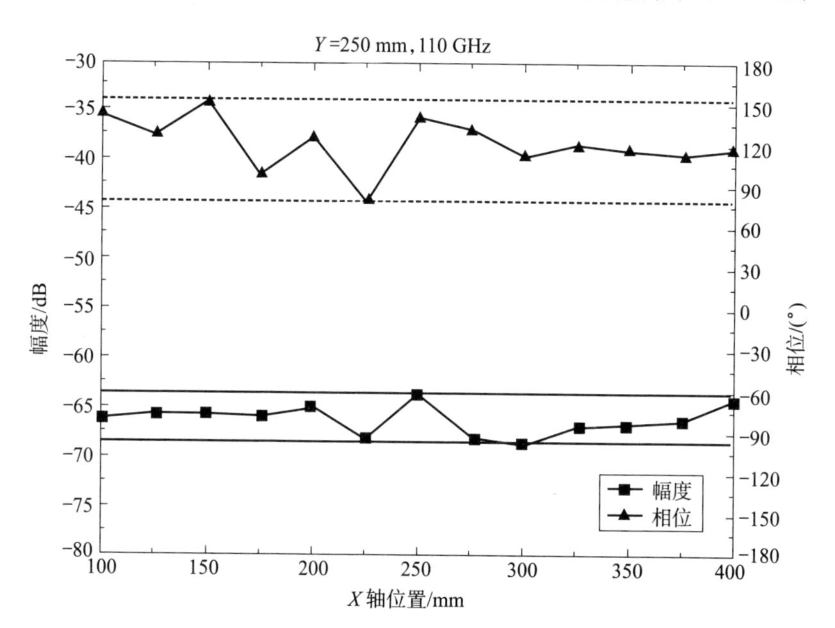

图 4-40　Y =250 mm 紧缩场系统静区幅相特性水平维测量结果（110 GHz）

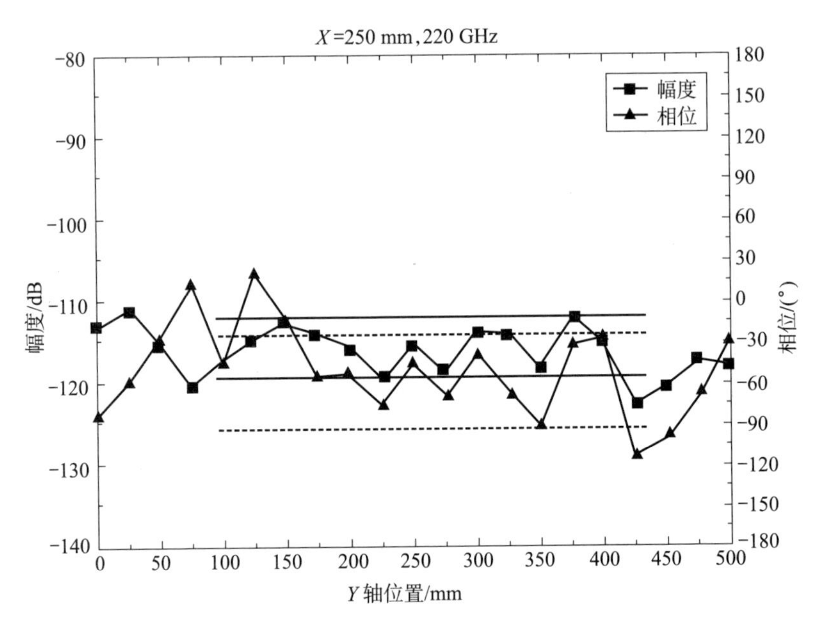

图 4-41　$X=250$ mm 紧缩场系统静区幅相特性垂直维测量结果（220 GHz）

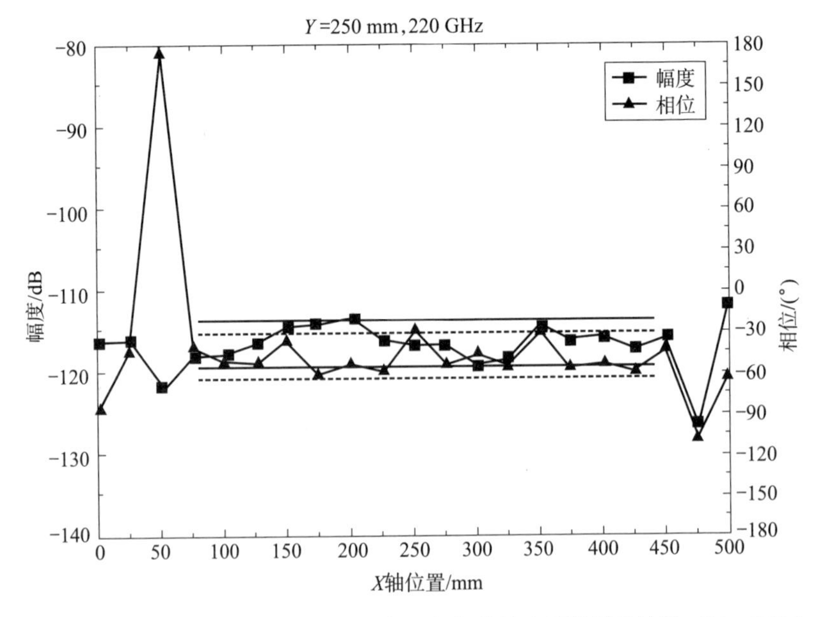

图 4-42　$Y=250$ mm 紧缩场系统静区幅相特性水平维测量结果（220 GHz）

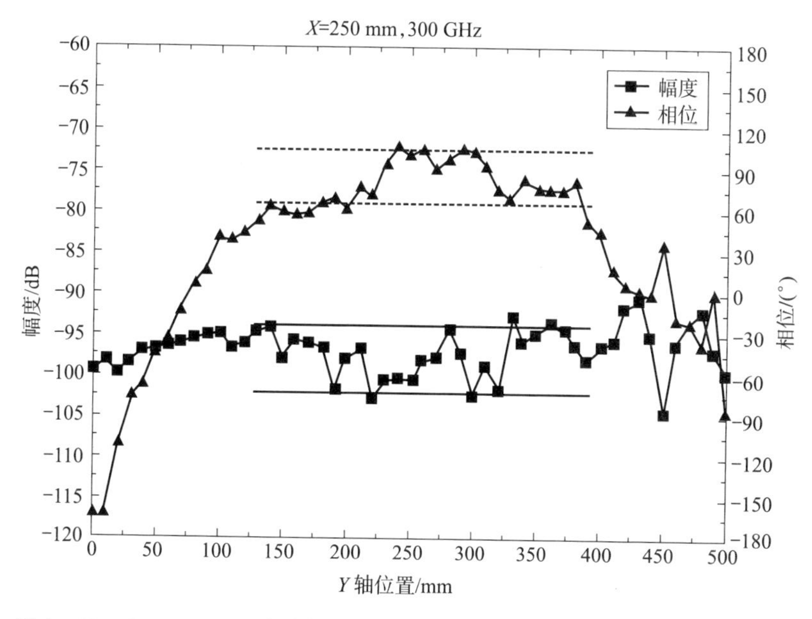

图 4-43　X =250 mm 紧缩场系统静区幅相特性垂直维测量结果（300 GHz）

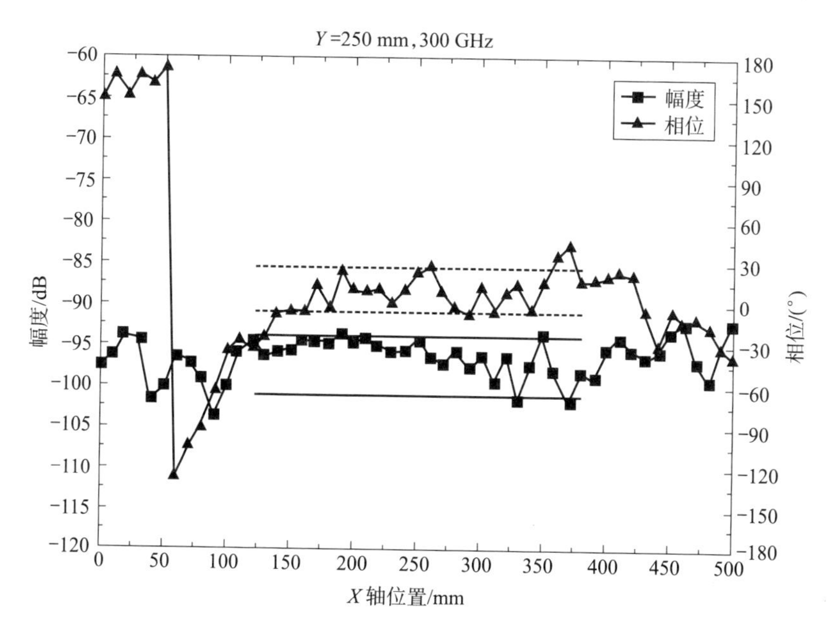

图 4-44　Y =250 mm 紧缩场系统静区幅相特性水平维测量结果（300 GHz）

从图4-37～图4-44可以看出，8 mm频段典型频点32 GHz静区平面波场幅相特性波动稳定范围为0.4 m×0.4 m，波动稳定时幅度一致性≤±1 dB，相位一致性≤±10°；3 mm频段典型频点110 GHz静区平面波场幅相特性波动稳定范围为0.3 m×0.3 m，波动稳定时幅度一致性≤±2.5 dB，相位一致性≤±22.5°；1.25 mm频段典型频点220 GHz静区平面波场幅相特性波动稳定范围为0.3 m×0.3 m，波动稳定时幅度一致性≤±3 dB，相位一致性≤±22.5°；1 mm频段典型频点300 GHz静区平面波场幅相特性波动稳定范围为0.2 m×0.2 m，波动稳定时幅度一致性≤±3 dB，相位一致性≤±22.5°。

总结以上对四个频段的紧缩场静区平面波场测试实验，紧缩场静区幅相特性具体的波动情况及静区范围如表4-4所示。

表4-4　紧缩场静区幅相分布特性测量结果

工作频段	静区范围	静区幅度一致性	静区相位一致性
8 mm频段	0.4 m×0.4 m	≤±1 dB	≤±10°
3 mm频段	0.3 m×0.3 m	≤±2.5 dB	≤±22.5°
1.25 mm频段	0.3 m×0.3 m	≤±3 dB	≤±22.5°
1 mm频段	0.2 m×0.2 m	≤±3 dB	≤±22.5°

4.4.4　测试结论

根据表4-4得到的测试结果汇总，并结合此前误差分析仿真结果，得到测试结论如下：

1）300 GHz频段紧缩场系统实验样机研制成功，可以通过实验样机及现有调整机构得到系统从8 mm频段到1 mm频段的静区平面波场范围。其中，8 mm频段的静区范围为0.4 m×0.4 m，3 mm

频段的静区范围为0.3 m×0.3 m，1.25 mm频段的静区范围为0.3 m×0.3 m，1 mm频段的静区范围为0.2 m×0.2 m。

2）随着紧缩场实验样机工作频率的升高，幅度一致性和相位一致性效果逐步变差，这是由于系统自身原因所致。紧缩场系统实验样机反射面的加工精度在8mm频段可优于1/64波长，而300 GHz频段的紧缩场系统如需要更优的静区幅度一致性和相位一致性，则需要更高标准的加工精度。

3）就接收端来说，根据误差分析的仿真结果，选择测试精度为0.01°的电控二维转台进行测试。300 GHz频段测试需要利用转台进行精确连续调整。在110 GHz、220 GHz和300 GHz频段测试时，扩频模块需要放置在二维电控位移台上。由于扩频模块自身质量较大，导致接收端在扫描过程中可能出现抖动效应，造成高频测试静区幅相一致性波动较大，而32 GHz是不需要扩频模块的，所以静区幅相一致性较好。

4）就发射端来说，现有发射端馈源调整机构仅限位移维可达到误差分析精度的0.2 mm，而角度调节仍有缺陷。另外，目前在高频测试中，馈源调整机构无法带动扩频模块同时进行调节，可能造成调节天线支架的过程中产生拉力导致扩频模块的抖动，同样32 GHz不需要扩频模块，所以静区幅相一致性优于高频段。

目前，中国电子科技集团41所和航天科工二院207所等正在建设太赫兹频段紧缩场测试系统。以上科研单位已采纳本书的研究成果，为紧缩场配备接收端精密二维转台及精密二维电控位移台，在发射端配备可同时调节馈源与倍频模块的精密五维调整机构。

本章小结

本章基于300 GHz频段室内目标电磁散射模拟测量技术的需要，设计并实现了300 GHz频段的单反射面型紧缩场系统。本书实现了300 GHz频段整体单反射面型系统LE－PO的仿真，并通过仿真完成了300 GHz频段紧缩场系统定量误差分析。本书通过300 GHz频段紧缩场系统误差分析给出了紧缩场系统误差的控制准则，提出接收端二维转台和馈源五维调整机构在太赫兹频段紧缩场测试系统中的必要性，300 GHz频段下接收端转台二维步进角精度小于0.01°，馈源位置调整机构的位移维精度小于0.2 mm，角度维精度小于1°。此后根据设计和误差控制要求，研制成功了一套单反射面紧缩场系统实验样机，并完成该紧缩场系统实验样机静区平面波场的检测。测量结果表明，系统8 mm频段幅度≤±1 dB、相位≤±10°的静区范围为0.4 m×0.4 m，3 mm频段幅度≤±2.5 dB、相位≤±22.5°的静区范围为0.3 m×0.3 m，1.25 mm频段幅度≤±3 dB、相位≤±22.5°的静区范围为0.3 m×0.3 m，1 mm频段幅度≤±3 dB、相位≤±22.5°的静区范围为0.2 m×0.2 m。300 GHz频段紧缩场系统的设计和实现为300 GHz频段目标电磁散射模拟测量提供了必要的硬件支撑。

第 5 章　200 GHz 频段收发测量系统

通过第 2 章对太赫兹频段目标电磁散射模拟测量关键技术的描述可知，太赫兹频段目标电磁散射特性室内模拟测量需要功率大、灵敏度高的收发测量系统，才能满足小 RCS 目标测量的需求。太赫兹频段由于基于倍频原理的矢量网络分析仪的发射功率较低，在 300 GHz 一般只有−17 dBm 左右，难以满足小 RCS 目标测量要求，因此本书开展了太赫兹频段收发测量系统的研制工作。国内现有室内目标电磁散射模拟测量的环境和系统可测试到 110 GHz 频段，本书将模拟测量技术考察频率提高至 300 GHz。其中，200 GHz 频段是大气窗口，是 110～300 GHz 内非常值得考察的频带之一，而且鉴于实验室前期已采购 200 GHz 的倍频器和谐波混频器，为了在有限的时间内研制出高功率太赫兹频段收发测量系统，并尽量节约研制成本，所以本书先开展 200 GHz 频段收发测量系统的设计工作。

国外近年来对太赫兹频段雷达收发系统的研究大多基于真空电子学和准光学原理。国内近几年有多家单位均开展了固态电子学太赫兹雷达应用技术研究，并且在短时间内取得了一些重要成果。中国工程物理研究院最早在 2011 年基于自研的倍频发射链路和谐波混频器实现了 140 GHz 高分辨率 ISAR 成像系统，采用收发天线分置、调频连续波体制，输出功率约 1 mW，带宽 5 GHz，成像分辨率 30 mm，天线增益 26 dBi，波束宽度 7°。2012 年中国科学院电子所研制了 200 GHz 太赫兹成像系统，采用收发天线分置、调频连续波体制，工作频率 195～205 GHz，带宽 10 GHz。该成像系统采用一维机械扫描加一维合成孔径的成像方式，可对人体携带的隐藏目标进行成像。然而，国内基于固态电子学200 GHz频段收发雷达所用频率都是经罗德与施瓦茨或是德科技等公司等提供的矢量网络分析仪等仪器产生，依托于现有通用测量仪器完成实验。这种情况测量时间较慢且矢量网络分析仪质量过大。

针对目前200 GHz频段目标电磁散射模拟测量技术研究的迫切需求和基于固态电子学原理200 GHz频段相参体制收发系统的空白，本书设计并实现了一种200 GHz频段收发系统，系统基于固态电子学原理，采用步进频率相参体制，具有小型化、轻质量、绝对带宽宽、脉冲重复周期短等优点。该系统测量过程无须利用任何类似矢网、频谱仪等通用测量仪器，只需要一台微型计算机进行数据的采集和处理即可完成雷达系统目标电磁散射特性测量实验。

5.1 200 GHz频段收发测量系统设计

5.1.1 工作体制

系统采用步进频工作体制，具体参数如下：

1）工作频率：200～210 GHz。

2）发射脉宽：100 ns～1 μs。

3）频率步进量：8 MHz。

4）频率步进次数：1 250。

5）脉冲重复周期：30 μs。

6）输出功率：≥1 mW。

7）收发隔离度：≥100 dB。

8）系统质量：≤11 kg（发射前端2.047 kg，接收前端0.945 kg，系统机箱7.95 kg）。

9）几何尺寸：发射前端为 239 mm×100 mm×58.8 mm，接收前端为 160.11 mm×80 mm×80 mm，系统机箱为 420 mm×365 mm×80 mm。

5.1.2 系统构成

200 GHz 频段收发测量系统由六个部分构成，分别是发射前端（含发射天线）、接收前端（含接收天线）、频率源模块、中频接收模块、控制系统和收发前端与控制系统间的连接电缆组，如图 5-1 所示。

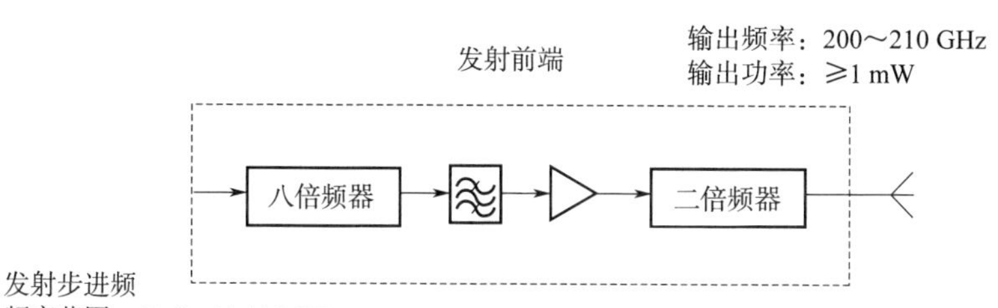

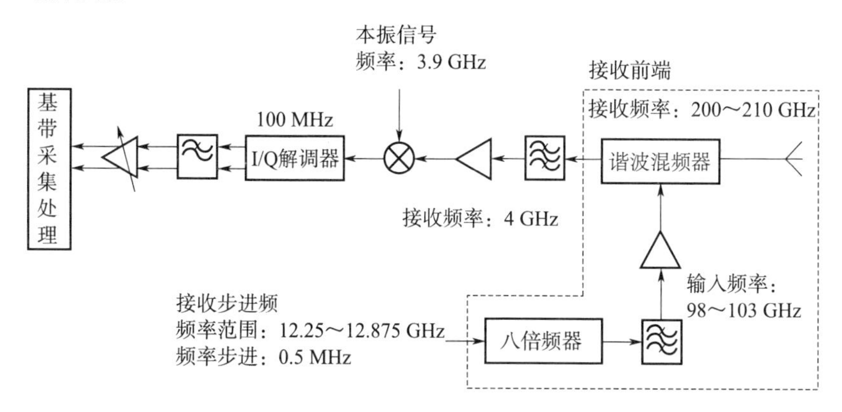

图 5-1 200 GHz 频段测量系统收发前端原理框图

发射前端接收控制系统输出的 12.5～13.125 GHz 射频信号，经过四个二倍频器的倍频链路输出 200～210 GHz 的射频信号并经过高增益、低副瓣天线向空间定向辐射。

接收前端接收空间反射回来的200～210 GHz射频信号，经过谐波混频器输出4 GHz的射频信号。接收前端的本振信号来源于控制系统输出的另一路12.25～12.875 GHz射频信号，经过三个二倍频器的倍频链路输出98～103 GHz的射频信号。

频率源模块部分，2～2.625 GHz的数字频率产生器经功分器后，分别与10.5 GHz和10.25 GHz本振信号混频，产生12.5～13.125 GHz和12.25～12.875 GHz的两路射频信号，分别输出至发射前端和接收前端，并保证收发信号相参。

中频接收模块将接收前端输出的4 GHz信号进行放大后，与3.9 GHz本振信号混频输出100 MHz信号，然后与100 MHz解调输出直流I、Q信号并进行线性放大供采集。

控制系统由信号采集和控制软件两部分组成：信号采集为100 kHz多路采集卡，将I、Q信号转换为数字信号；控制软件控制2～2.625 GHz的数字频率产生器的瞬时输出频率。

控制系统和收发前端间的连接电缆组有五根，分别是发射前端的输入射频信号同轴电缆、接收前端的本振输入射频信号同轴电缆、接收前端的输出射频信号同轴电缆、发射前端供电多芯电缆和接收前端供电多芯电缆。

发射步进频信号与接收本振步进频信号采用小数分频产生，再经8倍频滤波、放大、2倍频产生发射频率步进信号。接收步进频本振倍频后与发射信号相差4 GHz，即为中频信号，中频信号经过滤波放大和正交下变频，产生IQ信号，再经低通滤波和AGC放大(HMC900LP5E，双通道，滤波器带宽和增益均可电调)，由基带采集并进行信号分析。基带控制板卡提供频控信号。

正交解调本振原理框图如图5-2所示。发射和接收步进频信号产生原理框图如图5-3所示。

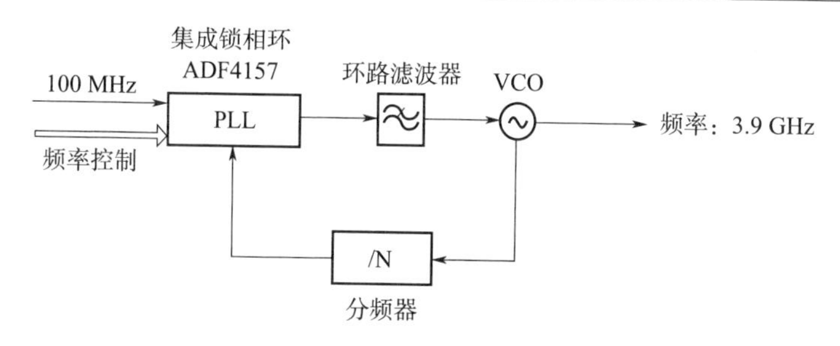

图 5-2　正交解调本振原理框图

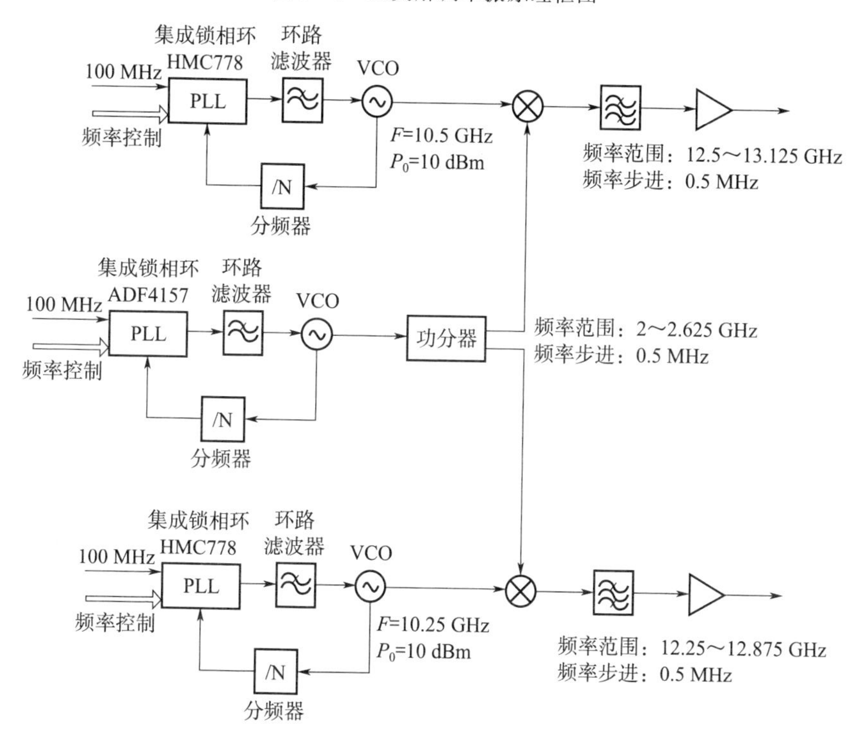

图 5-3　发射和接收步进频信号产生原理框图

5.1.3　分系统设计指标

（1）发射前端设计指标

1）中心频率：200～210 GHz。

2）子带带内平坦度：±1 dB。

3）输出峰值功率：≥1 mW。

4）占空比：1%～100%。

5）输入激励信号形式：步进频脉冲波。

6）输入激励信号频率：12.5～13.125 GHz。

7）输入激励信号功率：(12±1) dBm。

8）输入信号脉宽：100 ns～1 μs。

9）输入信号 PRF：30 μs。

10）连续工作时间：≥30 min。

11）收发隔离度：≥100 dB。

12）调制关断比：≥50 dB。

13）脉冲上升/下降时间：≤50 ns。

14）脉冲顶降：≤10%。

15）谐波：≤−25 dBc。

16）杂散：≤−50 dBc。

（2）接收前端设计指标

1）中心频率：200～210 GHz。

2）子带带内平坦度：±1 dB。

3）变频损耗：≤15 dB。

4）输入本振信号频率：12.25～12.875 GHz。

5）输入本振信号功率：(12±1) dBm。

6）连续工作时间：≥30 min。

7）杂散：≤−50 dBc。

（3）中频接收设计指标

1）中心频率：4 GHz。

2）信号带宽：5～30MHz（可调，根据 HMC900 芯片）。

3）镜像抑制度：≥20 dB。

4）输入回波信号功率：−100～−40 dBm。

5）接收机动态范围：60 dB。

6）输出信号幅度：$2V_{P-P}$（50Ω负载）。

7）AGC调整范围：60 dB，2 dB步进（程序控制）。

8）噪声系数：≤12 dB。

9）接收机增益：（60±8）dB，由AGC控制。

10）IQ幅度不平衡度：≤0.2 dB。

11）IQ相位不平衡度：≤±5°。

12）带内起伏：≤±0.5 dB。

13）谐波：≤−40 dBc。

14）杂散：≤−60 dBc。

（4）频率源设计指标

1）发射步进频信号源。

①频率范围：12.5～13.125 GHz。

②频率步进量：0.5 MHz。

③相位噪声：相位噪声优于−80 dBc/Hz@100 Hz、−85 dBc/Hz@1 kHz、−95 dBc/Hz@10 kHz、−105 dBc/Hz@100 kHz。

④稳定度：±0.01 ppm（温度）。

⑤短期稳定度：优于 1×10^{-8}/s。

⑥杂散：<−60 dBc。

⑦谐波：<−50 dBc。

⑧频率基准老化率：小于0.01 ppm/年。

⑨频率步进次数：1 250。

⑩频率步进方式：串行数控。

⑪相邻频点跳频时间：≤30 μs。

⑫输出频率基准信号功率：≥11 dBm。

2）接收本振步进频信号源。

①频率范围：12.25～12.875 GHz。

②频率步进量：0.5 MHz。

③相位噪声：相位噪声优于－80 dBc/Hz@100 Hz、－85 dBc/Hz@1 kHz、－95 dBc/Hz@10 kHz、－105 dBc/Hz@100 kHz。

④稳定度：±0.01 ppm（温度）。

⑤短期稳定度：优于 1×10^{-8}/s。

⑥杂散：<－60 dBc。

⑦谐波：<－50 dBc。

⑧频率基准老化率：小于0.01 ppm/年。

⑨频率步进次数：1 250。

⑩频率步进方式：串行数控。

⑪相邻频点跳频时间：≤30 μs。

⑫输出频率基准信号功率：≥11 dBm。

3）正交解调本振锁相频率源。

①频率范围：4 GHz。

②相位噪声：相位噪声优于－90 dBc/Hz@100 Hz、－100 dBc/Hz@1 kHz、－105 dBc/Hz@10 kHz、－115 dBc/Hz@100 kHz。

③稳定度：±0.01 ppm（温度）。

④短期稳定度：优于 1×10^{-8}/s。

⑤杂散：<－60 dBc。

⑥谐波：<－50 dBc。

⑦输出频率基准信号功率：≥5 dBm。

5.2 200 GHz频段收发测量系统样机研制与检测

5.2.1 系统原理框图

200 GHz频段收发测量系统原理框图如图5－4所示。

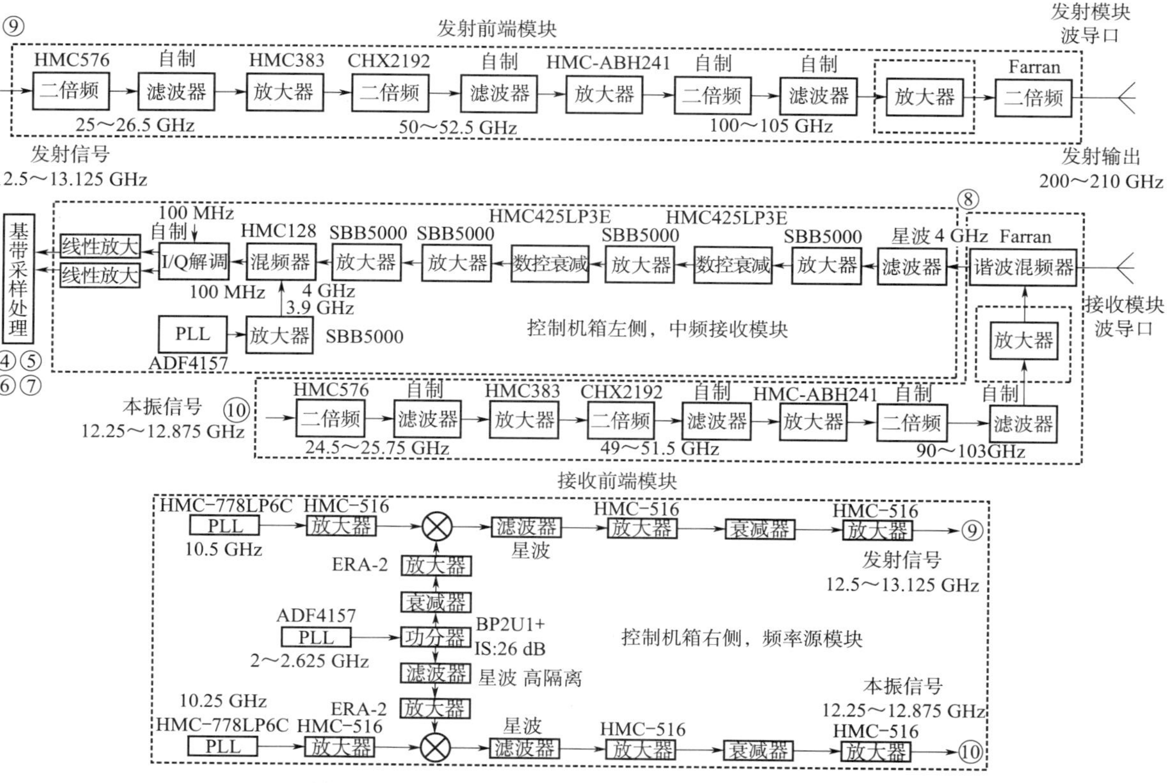

图 5－4　200 GHz 频段收发测量系统原理框图

5.2.2 系统硬件组成

系统由三部分组成，分别为发射前端模块、接收前端模块和控制机箱。系统各部分组成实物如图5-5～图5-9所示，其中图5-5和图5-6为控制机箱实物，图5-7～图5-9为系统发射前端模块和接收前端模块实物。

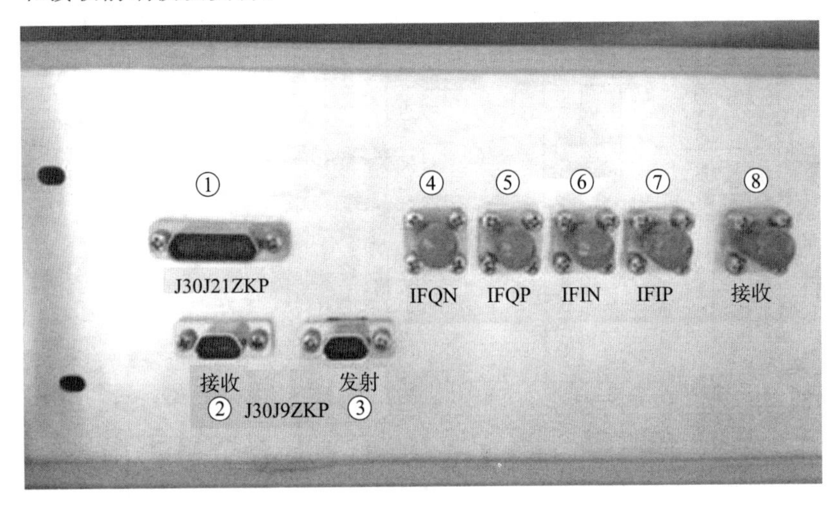

图5-5 控制机箱接口（左侧）

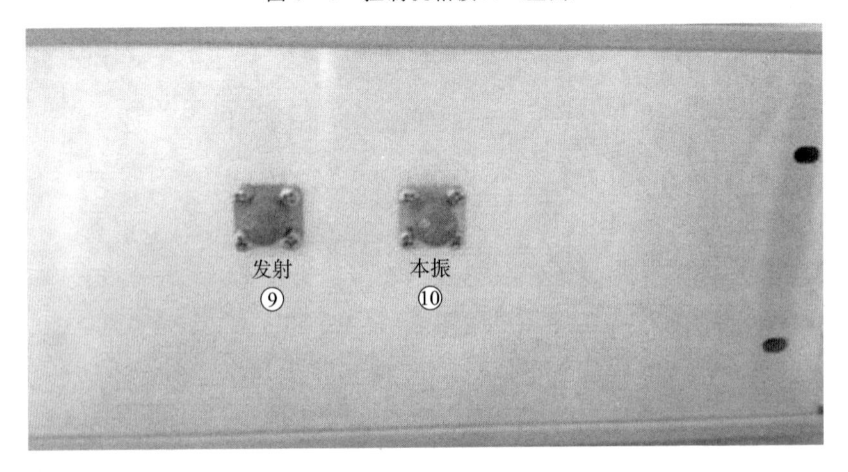

图5-6 控制机箱接口（右侧）

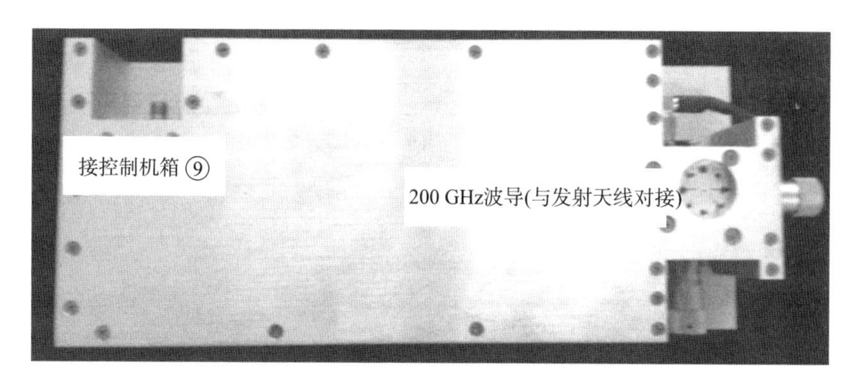

图 5-7　发射前端模块视图 1（正视图波导接口部分）

图 5-8　发射前端模块视图 2（接口部分）

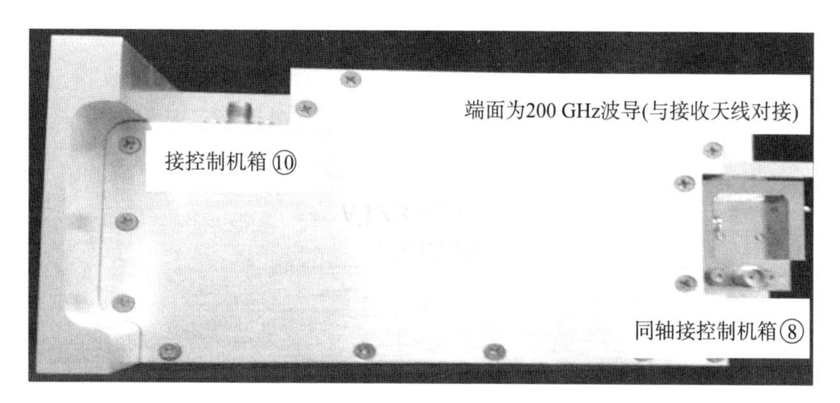

图 5-9　接收前端模块视图（正视图部分）

图5－5～图5－9中所示各接口定义如表5－1所示。

表5－1 射频输入/输出接口及定义

序号	接口标示	定义	输入/输出关系	去向
①	J30J21ZKP	步进衰减,控制	输出	中频接收、频率源
②	J30J9ZKP	直流供电	输出	接收前端
③	J30J9ZKP	直流供电	输出	发射前端
④	IFQN	中频Q负差分分量	输出	中频接收
⑤	IFQP	中频Q正差分分量	输出	中频接收
⑥	IFIN	中频I负差分分量	输出	中频接收
⑦	IFIP	中频I正差分分量	输出	中频接收
⑧	接收	中频接收输入信号	输入	中频接收
⑨	发射	发射激励信号	输出	发射前端
⑩	本振	接收本振信号	输出	接收前端

其中，①J30J21ZKP接口与USB转RS－485串口连接，并连接至主控计算机，用于两个步进衰减器控制、HMC900滤波器的控制及频综跳频控制。

②③J30J9ZKP用于接收和发射前端供电和控制。控制机箱与接收发射前端连接。

④～⑦为中频接收接口，输出射频信号经谐波混频、滤波放大、正交下变频和IQ解调后生成两路IQ信号。控制机箱与PCI采集卡或示波器连接。

⑧为中频接收输入信号，由接收前端输出作为中频接收模块的输入。控制机箱与接收前端连接。

⑨为发射激励信号，由频率源输出作为发射前端输入。控制机箱与发射前端连接。

⑩为接收本振信号，由频率源输出作为接收前端输入。控制机箱与接收前端连接。

5.2.3 关键技术及解决措施

200 GHz 频段收发系统的技术难点在于图 5-4 中发射前端模块和接收前端模块中末级放大器的实现。发射前端的末级放大器（图 5-4 中发射前端部分粗体虚线框引用位置）将 100～105 GHz 信号进行放大，使信号功率达到约 14 dBm，才能满足后级 FARRAN 二倍频器的典型输入功率要求，从而保证可以在发射输出端得到 200～210 GHz 信号且功率大于 1 mW。接收前端的末级放大器（图 5-4 中接收前端部分粗体虚线框引用位置）将 98～103 GHz 信号功率放大至 8～10 dBm，才能满足后级 FARRAN 公司谐波混频器对本振驱动的要求。

综上，在 98～105 GHz 频段上需要设计功率放大器，以保证在接收－20 dBm 输入功率的情况下，系统能够输出 10～15 dBm 功率。

目前在国内外可供采购且工作频率能达到 105 GHz 的功放芯片主要有两款，分别是 HRL 公司的 PA3-110 芯片和 UMS 公司的 CHA1008-99F 芯片，它们数据资料显示的主要性能参数如表 5-2 和表 5-3 所示。

表 5-2　PA3-110 芯片的主要性能参数

规格	单位	最小值	典型值	最大值
频率	GHz	75		105
增益	dB	10	13	
输入回波损耗	dB		−3	−3
输出回波损耗	dB		−7	−5

续表

规格	单位	最小值	典型值	最大值
饱和输出功率	dBm		13	

表5-3　CHA1008-99F芯片的主要性能参数

参数		最小值	典型值	最大值	单位
频率范围		80		105	GHz
线性增益			17		dB
噪声系数	[80～90] GHz		5.0		dB
	[90～100] GHz		6.0		dB
	[100～105] GHz		7.5		dB
输入回波损耗			−14		dB
输出回波损耗			−12		dB
芯片方案中的输入和输出阻抗			50		Ohms
输出功率@1dB压缩			5		dBm
栅极电压(VG1、VG2或VG1&VG2)			+0.15		V
漏极电压			2.5		V
漏极电流			115		mA

从数据资料上可以看到，PA3-110饱和输出功率达13 dBm，增益约13 dB；而CHA1008-99F输出1 dB压缩点功率为5 dBm，增益约为16 dBm，其数据资料上没有给出饱和输出功率值。考虑到对输出功率的高要求，在第一轮设计中选择PA3-110管芯，系统末级3 mm放大器详细设计方案如图5-10所示。

在实际测试过程中可以发现，PA3-110在105 GHz处的增益和输出功率下降很严重，实测饱和输出功率约+3 dBm（在

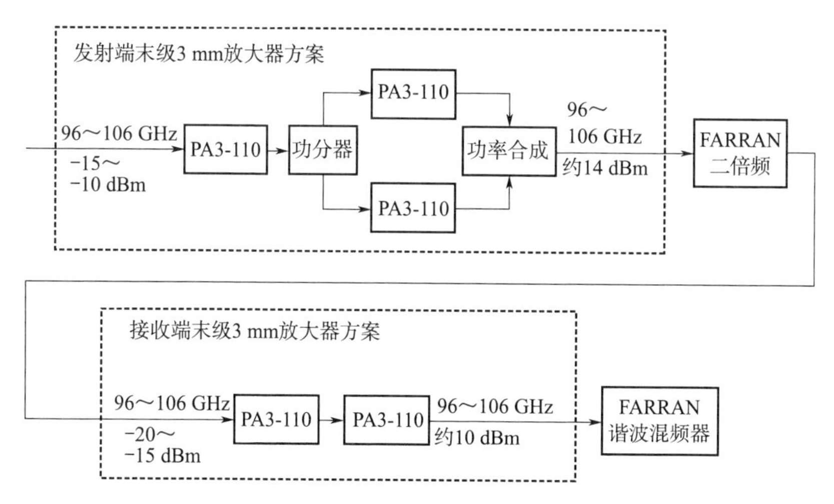

图 5－10　系统末级 3 mm 放大器详细设计方案（基于 PA3－110）

105 GHz)，远远无法达到系统设计要求，而且测试过程中极易产生自激，导致其工作状态异常。为了保证系统工程实现效率，更换 PA3－110 芯片为 CHA1008－99F，从购买的 CHA1008－99F 中挑选性能最优的几个芯片进行评测，初测结果如表 5－4 所示。

表 5－4　CHA1008－99F 初测结果

频率/GHz	小信号输出功率/dBm(输入－20 dBm)	小信号增益/dB	大信号输出功率/dBm(输入－4 dBm)	大信号增益/dB
96	－4.8	15.2	10.2	14.2
98	－5	15	10	14
100	－5	15	10.3	14.3
102	－5.2	14.8	10.1	14.1
104	－5.1	14.9	9.8	13.8
106	－5.3	14.7	9.7	13.7

通过 CHA1008－99F 芯片的初测结果，可以发现该芯片实测小

信号增益约为 15 dB，且增益压缩 2 dB 时，输出功率可以达到 10 dBm，远高出其数据手册上给出的输出 1 dB 压缩点。由于倍频器激励信号要大于谐波混频器激励信号，因此挑选性能最优秀的芯片搭设发射端功放的电路，次优级的芯片搭设接收端电路。另外，根据此前测试时出现的问题，我们经过腔体优化设计、增加 96～110 GHz 带通滤波器、微带线阻抗匹配调试、芯片微组装技术优化、直流供电电源优化等多方面的调试，可以设计出满足系统所需的 3 mm 功放。系统末级 3 mm 放大器更新设计方案如图 5 - 11 所示。

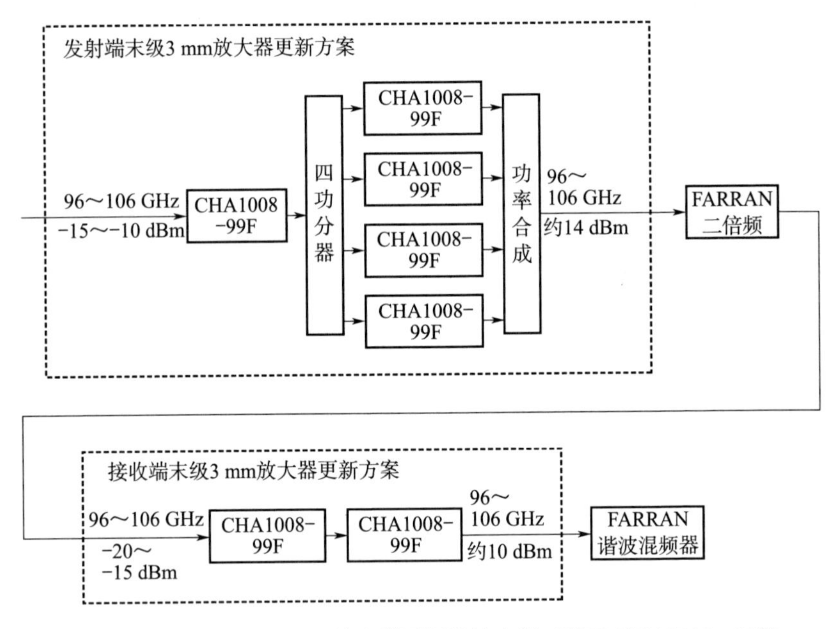

图 5 - 11　系统末级 3 mm 放大器更新设计方案（基于 CHA1008 - 99F）

根据新的系统前端设计方案，分别进行发射前端和接收前端 3 mm 模块输出功率测试。其中，发射前端 3 mm 模块输出作为 200 GHz 倍频器的激励信号，推动功率应不小于 14 dBm；接收前端 3 mm 模块输出作为 200 GHz 谐波混频器的本振，本振功率应在 8～

10 dBm 范围内，不大于 12 dBm。发射前端 3 mm 模块输出功率测试结果如表 5 - 5 所示，接收前端 3 mm 模块输出功率测试结果如表 5 - 6 所示。输入信号由系统信号源模块提供。

表 5 - 5　发射前端 3 mm 模块输出功率测试结果

输出频率/GHz	输出功率/dBm
100	16.2
101	16.0
102	15.8
103	15.7
104	16.0
105	15.9

表 5 - 6　接收前端 3 mm 模块输出功率测试结果

输出频率/GHz	输出功率/dBm
98	10.2
99	9.9
100	9.8
101	10.1
102	9.9
103	10.3

测试结果满足系统指标要求，所以选择以上方案对接收前端和发射前端末级放大器进行设计实现。

5.2.4　分系统测试

（1）接收前端输入本振信号测试

1）接收前端输入本振信号技术指标要求。

①频率范围：12.25～12.875 GHz。

②功率范围：(12±1) dBm。

③杂散：≤−60 dBc。

④相位噪声：≤−85 dBc/Hz@1 kHz。

2）测试结果。

测试结果如表5－7所示，全部技术指标满足设计要求。

表5－7　接收前端输入本振信号测试结果

输出频率/GHz	输入功率/dBm	杂散/dBc	相位噪声
12.25	12.01	65	
12.3	12.05	67	
12.35	12.05	66	
12.4	12.04	66	
12.45	11.75	64	
12.5	11.83	63	
12.55	11.44	64	≤−87 dBc/Hz@1 kHz
12.6	12.84	64	
12.65	12.50	65	
12.7	12.76	64	
12.75	12.81	65	
12.8	13.00	67	

续表

输出频率/GHz	输入功率/dBm	杂散/dBc	相位噪声
12.85	12.95	68	
12.875	12.85	67	

(2) 发射前端输入激励信号测试

1) 发射前端输入激励信号技术指标要求。

①频率范围：12.5～13.125 GHz。

②功率范围：(12±1) dBm。

③杂散：≤−60 dBc。

④相位噪声：≤−85 dBc/Hz@1 kHz。

2) 测试结果。

测试结果如表 5-8 所示，全部技术指标满足设计要求。

表 5-8　发射前端输入射频信号测试结果

输出频率/GHz	输出功率/dBm	杂散/dBc	相位噪声
12.5	12.45	68	≤−87.5 dBc/Hz@1 kHz
12.55	12.53	69	
12.6	12.56	68	
12.65	12.58	69	
12.7	12.57	69	
12.75	12.65	67	
12.8	12.54	68	
12.85	12.77	68	
12.9	12.85	69	
12.95	12.90	67	

续表

输出频率/GHz	输出功率/dBm	杂散/dBc	相位噪声
13	12.65	65	
13.05	12.43	68	
13.1	12.85	68	
13.125	12.75	68	

（3）中频模块增益与衰减测试

1）中频模块增益与衰减设计要求。中频模块最大增益设计要求为不小于 60 dB，中频模块最大衰减设计要求为不小于 60 dB，步进量为 1 dB。

2）测试结果。测试结果如表 5－9 所示，全部满足设计要求。

表 5－9　中频模块增益与衰减测试结果

输出频率/MHz	最大增益/dB	衰减步进/dB	最大衰减/dB
100	65	1	62

（4）IQ 解调模块指标测试

1）IQ 解调模块设计要求。IQ 解调模块设计要求是在射频信号为 100 MHz、功率为 10 dBm 和本振信号为 100 MHz、功率 0 dBm 的条件下，输出 I、Q 两路直流信号，其正交性不大于±5°，输出信号电平不小于±1 V（依靠直流放大器保证）。

2）测试结果。测试结果如表 5－10 所示，全部满足设计要求。

表 5－10　IQ 解调模块指标测试结果

输出频率	正交性	输出信号幅度	测试条件
DC	±3°	±2 V	射频信号为 100 MHz，功率为 10 dBm；本振信号为 100 MHz，功率为 0 dBm

5.2.5　系统测试

在上述各个关键部件测试合格后，下面进行系统测试。系统测试在西安兵器 212 所国防科技重点实验室进行。

系统测试项目包含系统频率范围、输出功率、发射端模块质量、接收端模块质量、适配性和系统灵敏度。

系统测试结果如表 5 - 11 所示。测试场景如图 5 - 12 和图 5 - 13 所示。

测试结论：系统全部技术指标达到设计要求。

表 5 - 11　系统测试结果

技术指标	设计要求	测试结果
频率范围	205 GHz±5 GHz	200～210 GHz
输出功率	≥1 mW	≥1 mW
发射端质量	≤2.5 kg	2.047 kg
接收端质量	≤2.5 kg	0.945 kg
系统灵敏度	在收发天线距离被测件 1.5 m 时可以进行测量	在收发天线距离 1.5 m、天线主瓣未对准时，S21 信号幅度大于±4 V

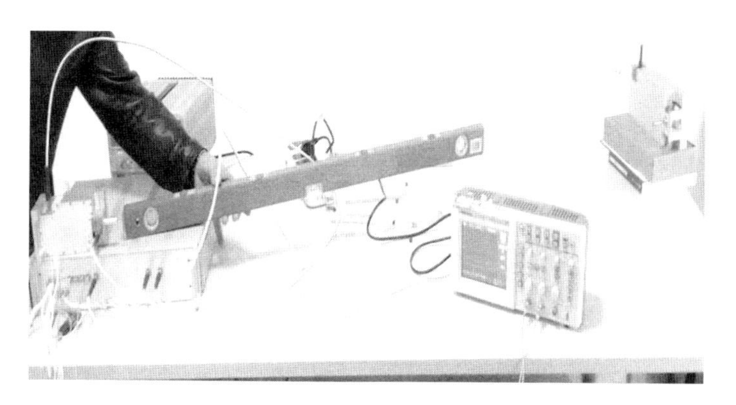

图 5 - 12　200 GHz 频段收发测量系统性能测试现场照片

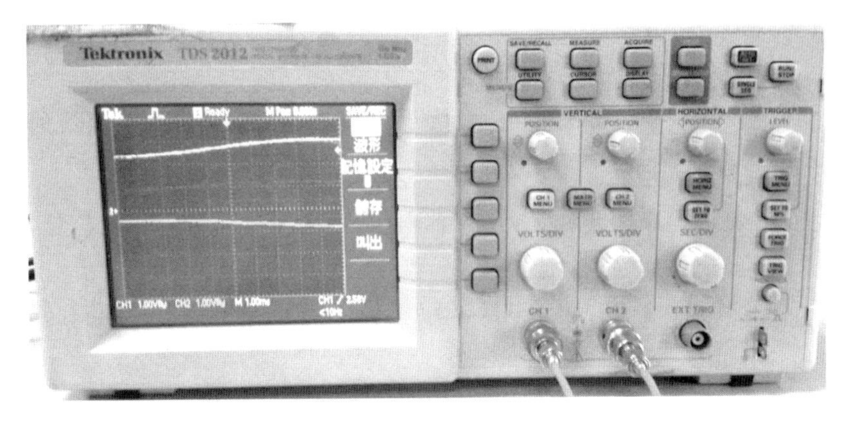

图 5 - 13　200 GHz 频段收发测量系统输出 I/Q 信号

5.3　200 GHz 频段雷达成像实验

5.3.1　成像处理算法

本成像系统采用频率步进体制进行成像，在每个测试角度上进行扫频测试，然后通过正交解调获得接收信号的幅度和相位。

成像原理如图 5 - 14 所示。

下面推导成像处理时所用的主要算法[93,94]。

设雷达发射信号为 $S_i(t)$ ，发射角为 θ ，目标后向散射率分布函数为 $g(x, y)$ 。

(x, y) 处一个点目标的回波表达式为

$$S_{r,\theta}(t)=g(x,y)S_i\left(t-\frac{2R}{c}\right) \tag{5-1}$$

式中　R ——雷达与目标的距离；

　　c ——光速。

等距离线上所有点的回波是同时到达接收机的，所以接收机收

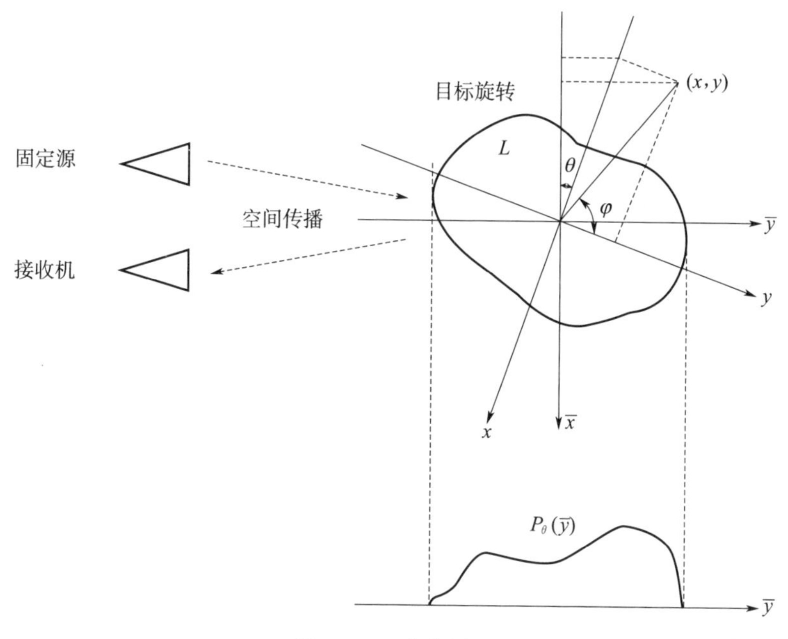

图 5-14　成像原理

到的是 $\bar{y}$ 处 L 直线上所有点的回波合成响应。设 $\bar{y}$ 处反射率分布函数为 $P_\theta(\bar{y})$ ：

$$P_\theta(\bar{y}) = \int_{-\infty}^{\infty} g(x, y)\, \mathrm{d}\bar{x} \tag{5-2}$$

$P_\theta(\bar{y})$ 是二维反射率分布函数 $g(x, y)$ 在 $\bar{y}$ 轴上的投影，即散射率沿纵向距离的分布函数；$|P_\theta(\bar{y})|$ 就是目标 RCS 的一维成像。$\bar{y}$ 处的回波信号可以表示为

$$S_{\mathrm{Pr},\theta} = \int_L g(x, y)\, S_i\left(t - \frac{2R}{c}\right) \mathrm{d}\bar{x} = P_\theta(\bar{y})\, S_i\left(t - \frac{2R}{c}\right) \tag{5-3}$$

式中，$\bar{y} = y\cos\theta - x\sin\theta$ 。

5.3.2　成像处理实验

对于系统的验证，可只进行一维距离像的验证。雷达一维成像

是用宽带雷达信号获取的目标反射率沿雷达视线上一维距离分布。本系统采用频率步进方式从 200 GHz 到 210 GHz 对目标进行测量，得到目标的频率响应，对该频率响应做 IFFT，为目标的时域响应，即目标散射中心随距离的分布情况。不同的强散射点会在不同的距离上体现出峰值，将这些时域峰值通过矢量合成定标后，最终近似得到目标中心频点的 RCS。

本套系统的工作频率为 200～210 GHz，频率步进间隔为 8 MHz，所以共有 1 251 个采样点，FFT 点数可选为 8 192。根据测试对象，确定合适的窗函数。利用 PCI－9101A 采集卡采集每个频点的回波信号，回波信号相当于对应测量对象的 S21 参数。收发天线采用口径为 5 mm 的喇叭天线，发射功率为 1 mW。

本次测试使用的被测目标是直径 200 mm、110 mm 定标球及角反射器。分别选择直径 200 mm 的定标球（RCS＝－15 dBsm）或 110 mm 的定标球（RCS＝－20 dBsm）进行定标。

测试系统包括如下部分。

（1）收发测量系统样机

系统硬件包括发射前端模块、接收前端模块和系统主机，与图 5－5～ 图 5－9 所示一致。

PCI－9101A 采集板卡一套，用于采集系统主机 I/Q 解调信号。

系统软件包括系统步进频控制软件与 PCI－9101A 采集软件，软件界面如图 5－15 所示。

系统成像软件界面如图 5－16 所示。该软件可根据系统 S21 的幅相特性进行一维和二维成像。

（2）辅助测试系统

同轴连接线三根，用于进行发射、接收、本振信号的传输。

J30J21ZKP 接口线与 RS－485 转 USB 线连接，用于控制采集。

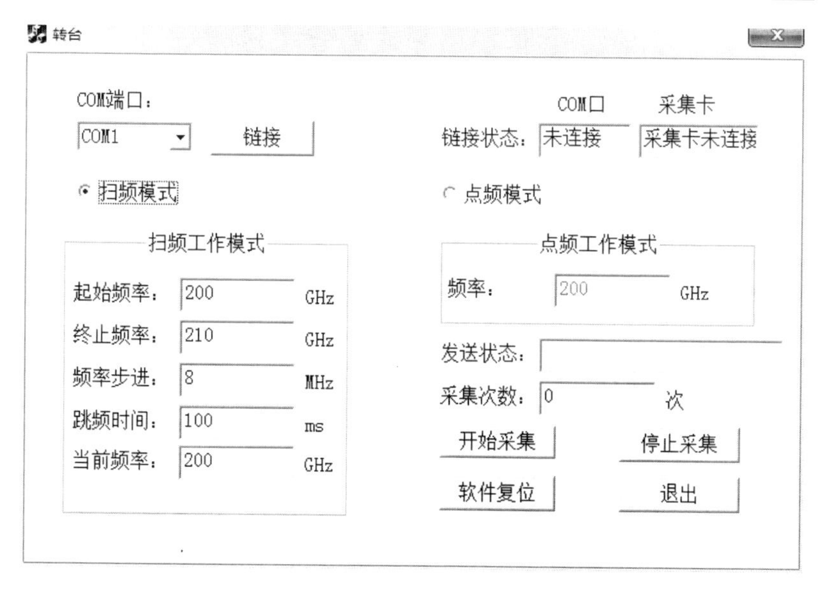

图 5-15　步进频控制软件与采集软件界面

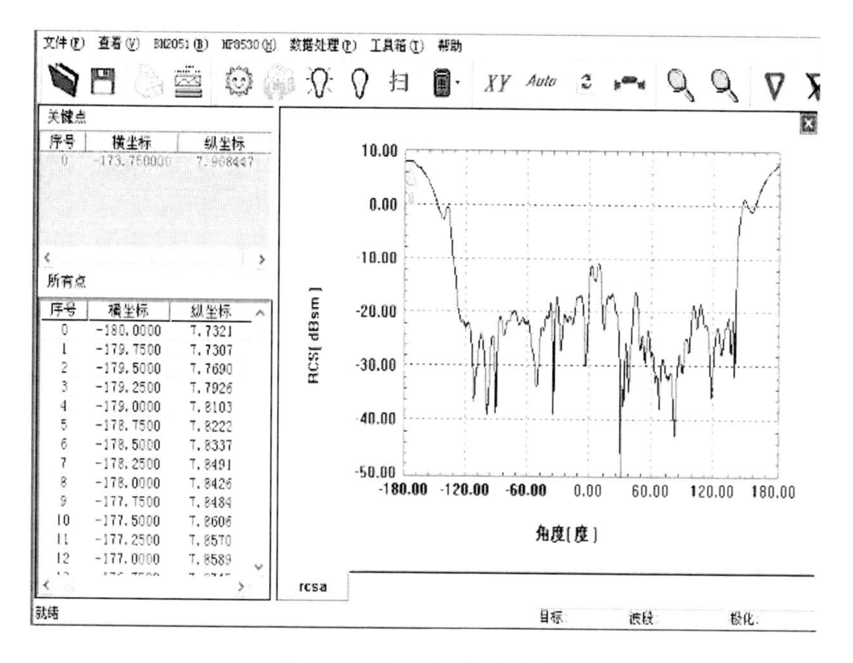

图 5-16　系统成像软件界面

采集卡J1接头与两根SMA同轴线连接，同轴线连接至机箱I/Q解调信号，用于采集I/Q输出信号。

J30J9ZKP接口线两根，连接收发模块和主机，用于给发射前端模块和接收前端模块供电。

（3）其他测试设备

计算机主机，配合控制软件完成全部实验过程的控制；直尺；尼龙扎带若干；吸波材料若干。

系统一维成像过程如下：

1）连接收发模块与控制机箱，并保证收发天线严格置于同一的极化形式，连接控制机箱与计算机，初始化控制模块参数。

2）利用200 GHz频段收发测量系统对背景进行扫频测试，测量获得背景S21信号的基带采样数据。

3）保证测试环境不变的情况下，放置定标球于接收端泡沫塑料支架中心，对定标球进行扫频测试，得到定标球S21信号的基带采样数据。

4）在其他条件不变的情况下，用待测目标取代定标球，对目标进行扫频测试，测试过程与定标球测试相同，得到待测目标S21信号的基带采样数据。

5）一维成像数据处理，利用测得背景信号、定标信号和待测目标信号进行一维成像处理，并显示一维图形（RCS与距离之间的关系）。

其中第4）步测试中，如需进行定标验证、系统RCS精度和距离精度测量，待测目标应为单个目标；如需进行系统纵向分辨率测量，待测目标应为双或多目标，且目标之间不能造成遮挡。

5.3.3　系统成像实验结果与分析

（1）系统自检测试

测试目标为直径 200 mm 定标球，测试距离 0.6 m，先不进行定标，根据测试数据直接进行回波分析。图 5-17 是实测场景；图 5-18 是成像结果，其中横坐标表示目标纵向距离（单位是 m），纵坐标表示目标 RCS（单位是 dBsm）。

图 5-17　实测场景（直径 200 mm 定标球）

从图 5-18 成像结果中可以看出，在零点附近处出现了尖峰和较高的旁瓣。尖峰和旁瓣产生的原因一种是发射接收天线中间存在直接漏波，另一种是信号解调过程中会出现直流偏置。零点的尖峰和高旁瓣会覆盖近距离测试时零点附近的目标。直接漏波的简单解决方法是在天线之间加入吸波材料遮挡；直流偏置目前比较好的一种解决方法是对回波数据进行去直流操作，具体的实现方法是回波数据的实部减去实部的均值，虚部减去虚部的均值。图 5-19 是图 5-18 相同测试结果的去直流后成像结果。

从图 5-18 和图 5-19 的对比结果可以看出，去直流后零点附近的旁瓣明显降低，降低后分辨效果更加明显，有利于发现零点位置处的目标。

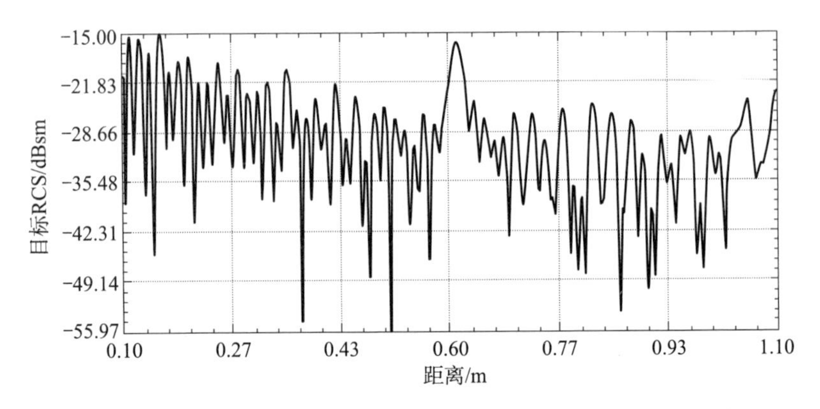

图 5-18　目标散射中心分布一维成像结果（直径 200 mm 定标球）

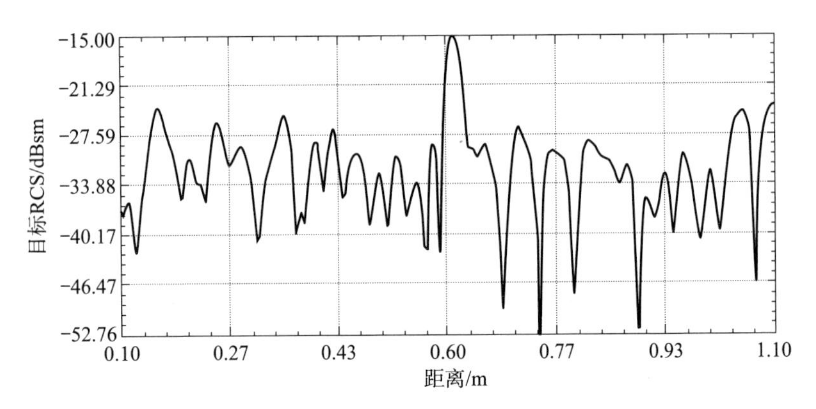

图 5-19　去直流后目标散射中心分布一维成像结果（直径 200 mm 定标球）

（2）成像系统 RCS 精度测试

使用直径 200 mm 的定标球标定直径 110 mm 金属球的 RCS，比较测试所得直径 110 mm 定标球的 RCS 与理论值的差距。下面是两次实验结果测试数据中选取出的一组成像处理结果，定标球本身和目标的图像分别如图 5-20 和图 5-21 所示，其中横坐标表示目标纵向距离（单位是 m），纵坐标表示目标 RCS（单位是 dBsm）。

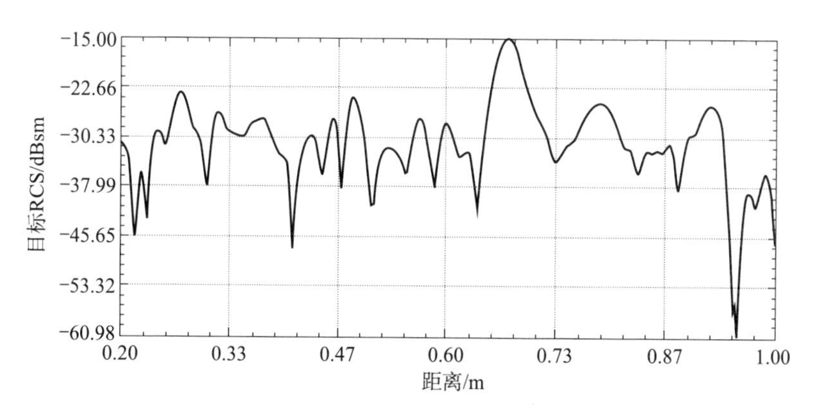

图5-20 定标图（直径200 mm定标球）

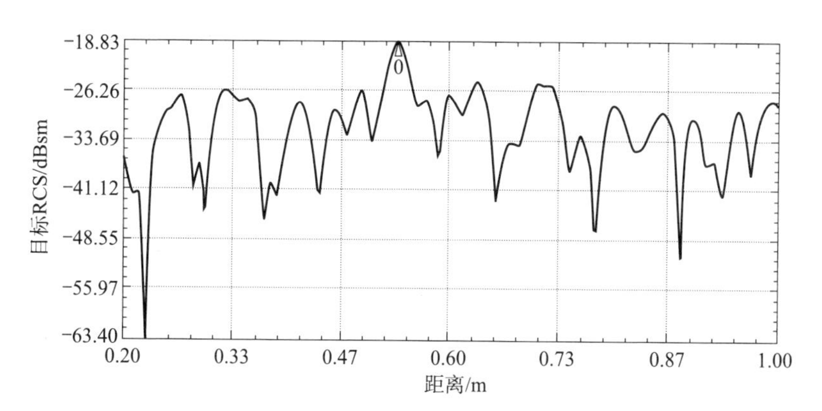

图5-21 直径110 mm目标球目标散射中心分布一维成像结果

从实验结果可以看出，直径110 mm金属球RCS测试值与理论值都比较接近，金属球单站RCS值为－18.83 dBsm，与理论值－20 dBsm误差小于±1 dB，说明实验系统可靠，成像算法正确，软件编程正确。

但是，由于硬件条件限制，目前本系统只能采用准单站测量模式。由于收发天线间隔离问题难以采用更为有效的措施解决，只能通过调整收发天线之间的距离和夹角来解决，因此误差在1 dB以内是正常的。

(3) 成像系统纵向分辨率测试

使用两只三面角反射器测试系统所能达到的实际分辨率。角反射器如图 5-22 所示的位置摆放，二者前后分别相距 40 mm 和 60 mm。成像结果如图 5-23 和图 5-24 所示，图中横坐标表示目标在纵向上的距离，纵坐标表示目标的 RCS。

图 5-22　两只角反射器放置场景

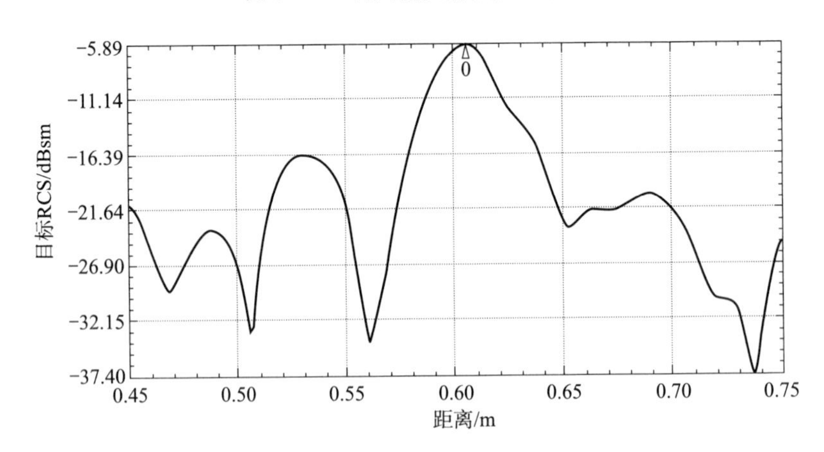

图 5-23　两只角反射器相距 40 mm 时的目标一维散射中心分布成像结果

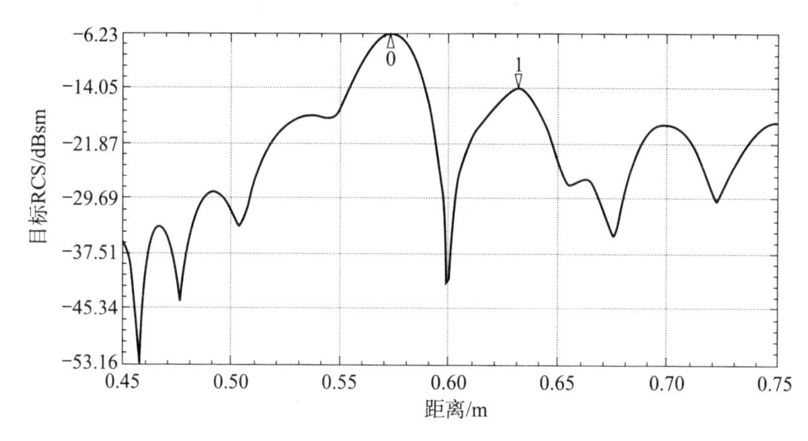

图 5-24　两只角反射器相距 60 mm 时的目标一维散射中心分布成像结果

根据实验结果可以看出，当两个角反射器相距 60 mm 时，测试系统可以将两个角反射器明显区分开；当两个角反射器相距 40 mm 时，两个角反射器散射中心已经重合。实验证明该系统距离分辨率在 40 ～60 mm。由于近距离双目标可能出现耦合效应，因此系统实际分辨率应小于 40 mm。

本章小结

本章完成了一种步进频相参体制 200 GHz 频段收发测量系统的设计与实现。系统基于固态电子学原理，采用步进频率相参体制，具有小型化、小质量、绝对带宽宽和脉冲重复周期较短等优点。在分别对系统设计方案和样机技术指标测试结果进行详细叙述的基础上，解决了 3 mm 收发前端放大器输出功率难以推动 200 GHz 频段倍频器和谐波混频器工作的问题，并应用自研的 200 GHz 频段频率步进式收发测量系统实验样机完成了典型目标雷达一维距离成像试验。－20 dBsm 金属定标球 RCS 测量结果误差小于±1 dB。实验证明，系统距离分辨率在40～60 mm；排除目标耦合效应后，系统实际分辨率应优于40 mm。成像结果验证了系统的实用性，表明RCS测量误差和系统距离分辨率满足设计要求，为目标电磁散射模拟测量技术研究提供了一种高效实用的测试手段。

第6章 典型目标电磁散射特性模拟测量实验验证

目前，国内对太赫兹频段室内目标电磁散射特性模拟测量技术研究的侧重点基本在于太赫兹频段室内全金属缩比目标成像，以及高频紧缩场系统的研发及天线测试，而并未有基于太赫兹频段紧缩场测量系统进行目标电磁散射特性模拟测量实验。本书首次利用自研200 GHz频段收发测量系统与300 GHz频段矢量网络分析仪，对基于自研紧缩场系统200 GHz频段和300 GHz频段的定标误差、典型金属单目标和双目标电磁散射特性进行室内模拟测量实验。

6.1 测量目的

为了验证300 GHz频段定标技术的可靠性，300 GHz频段紧缩场系统仿真、误差控制及系统实验样机检测结果的正确性，以及200 GHz频段收发测量系统作为紧缩场系统发射源和接收机的实用性，需要设计基于太赫兹频段紧缩场测量系统典型金属目标的电磁散射特性测量实验。本书通过上述目标电磁散射模拟测量实验，获取典型金属目标在太赫兹频段的电磁散射特性实验数据。实验结果对300 GHz频段定标技术，300 GHz频段紧缩场系统设计仿真、误差分析及实验样机的检测结果，以及200 GHz频段收发测量系统样机的设计和使用实现了有效验证。

6.2　测量方案的选取

太赫兹频段目标电磁散射特性模拟测量实验需要得到典型金属目标RCS参数。根据太赫兹源和测量实验环境不同，可以通过三种不同的方式获取参数。

1）自然环境中频域测量。利用太赫兹固态源或太赫兹频段矢量网络分析仪和倍频/混频模块配合进行发射和接收，在电波暗室自然环境中对目标进行目标RCS测量。这种测量方案的优点在于实验方法简单，太赫兹频段固态源较为常见，矢量网络分析仪或频谱仪等数据采集设备也容易获得，技术较为成熟。其缺点在于太赫兹频段电大尺寸目标测量的远场条件难以达到。如果满足远场条件，则太赫兹源的发射功率必须很高，否则信噪比很低，所以需要通过近场测量推导估算其远场散射特性，这样就造成实验结果不够准确。

2）太赫兹时域光谱系统（THz－TDS）测量。利用太赫兹时域光谱系统对目标进行时域光谱测量，通过傅里叶变换得到频域的目标散射特性。这种测量方案的优点在于THz－TDS系统比较精密，而且利用时域测量实验的方法，很难出现周围复杂电磁环境对目标电磁散射特性的影响。另外，国内THz－TDS系统发展也较为成熟。其缺点在于THz－TDS利用光学原理，需要用目标的反射特性推导目标散射特性，而且光学原理对于较低频段（300 GHz以下）的测量结果不够准确。

3）太赫兹频段紧缩场系统测量。利用太赫兹频段紧缩场系统辐射所得的静区平面波场，构建短距离内的远场条件进行目标散射特性测量。这种方法的优点在于测量结果较为准确，可以完全模拟远场条件下目标散射特性的测量。其缺点在于静区场幅度一致性的限制，天线主瓣只有 1 dB 能量被反射面反射，所以需要天线较宽的波束，这样天线增益可能较低，需要有较高的发射功率及目标具有较大的 RCS 才能被接收机检测到。

从以上三种测量方案来看，前两种测量方案如今发展较为成熟，但同时都有一些无可避免的测量缺陷，测量准确度无法保证；而太赫兹频段紧缩场系统测量方法可以在一定范围内达到目标较为精确的 RCS 值。通过第 4 章和第 5 章的分析，本书自研紧缩场系统实验样机与收发测量系统样机均可独立完成实验的功能，而且目前国内的科研单位基于太赫兹频段紧缩场系统对目标电磁散射特性的模拟测量工作还属于探索阶段，所以本书选取第三种测量方法对典型目标进行电磁散射特性模拟测量实验。

6.3　典型目标电磁散射特性模拟测量系统及测量方案

6.3.1　测量系统

测量实验包括 200 GHz 频段和 300 GHz 频段典型目标电磁散射特性模拟测量实验，选择本书自研 300 GHz 频段紧缩场系统作为实验环境。200 GHz 频段目标电磁散射特性测量实验选择 200 GHz 频段收发测量系统样机作为太赫兹收发测量系统，并通过采集板卡对测量实验数据进行采集，得到目标 RCS 和一维距离像。300 GHz 频段目标电磁散射特性测量实验选择罗德与施瓦茨公司的 220～330 GHz 矢量网络分析仪和收发前端作为太赫兹收发测量系统。实验在航天科工二院 207 所电磁散射实验室进行。测量系统包括如下几部分。

(1) 300 GHz频段紧缩场系统实验样机

紧缩场系统实验样机如4.4.1节所示，在200 GHz频段目标电磁散射特性模拟测量实验中共包括如下几个部分。

1) 紧缩场系统实验样机。

单反射面（旋转抛物面、边缘锯齿处理）与图4-29所示一致。反射面口径为1.2 m，焦距$f=1.3$ m。反射面覆盖馈源天线方向图的1 dB波瓣宽度范围可保证其幅度一致性，反射面四周的锯齿可保证其相位一致性。

测量用紧缩场馈源使用收发系统馈源两只，馈源波导为WR4（170～260 GHz），口径5 mm。馈源组的设计遵循紧缩场系统使用条件，但是由于紧缩场系统测量目标时，电磁波传播路径是检测紧缩场系统平面波区和天线测量的二倍，因此需要牺牲一部分平面波区幅度波动的条件，而适当增大馈源天线增益。当紧缩场馈源喇叭天线的方向图基本相同时，紧缩场系统工作在较低频段时反射面的相对粗糙度同样降低，所以紧缩场的静区平面波场质量在200 GHz要相对优于300 GHz频段。

2) 辅助测量系统。

馈源调整机构（包括可调馈源支架等）与图4-31所示一致。单天线测试支架、双天线测试支架各一只，与图4-32所示一致。

3) 其他辅助设备。

收发模块支架一个，卷尺、激光定位仪一只，M6螺栓若干，尼龙扎带若干，吸波材料若干，泡沫塑料若干。

(2) 200 GHz频段收发测量系统样机

200 GHz频段收发测量系统样机如5.2.2节所示，在200 GHz频段目标电磁散射特性模拟测量实验中共包括如下几个部分。

1) 收发测量系统样机主测量系统。

系统包括发射前端模块、接收前端模块和系统主机，与图5－5～图5－9所示一致。

PCI－9101A采集板卡一套，用于采集系统主机I/Q解调信号。

系统软件包括系统步进频控制软件与PCI－9101A采集软件，软件界面与图5－15所示一致。系统成像软件界面与图5－16所示一致。

2）辅助测量系统。

同轴连接线三根，用于进行发射、接收、本振信号的传输。

J30J21ZKP接口线与RS－485转USB线连接，用于控制采集。

采集卡J1接头与两根SMA同轴线连接，同轴线连接至机箱I/Q解调信号，用于采集I/Q输出信号。

J30J9ZKP接口线两根，连接收发模块和主机，用于给发射前端模块和接收前端模块供电。

3）其他测量设备。

主控计算机，配合控制软件完成整个实验过程的控制。

（3）220～330 GHz频段矢量网络分析仪

220～330 GHz频段矢量网络分析仪和收发前端购买自罗德与施瓦茨公司，由207所提供，如图6－1所示。该矢量网络分析仪包括ZVA24矢量网络分析仪主机（图6－1左侧）、ZC330矢量网络分析仪收发前端及收发天线（WR3波导，220～330 GHz频段，图6－1右侧）、伺服电动机一台及电缆若干。

（4）其他实验设备

移动吸波屏若干、直径200 mm标准定标球、棱长200 mm三面角反射器、目标支撑泡沫塑料台等。

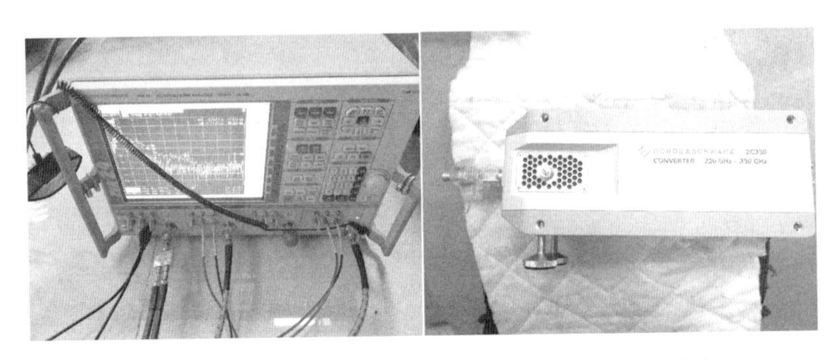

图 6-1　220～330 GHz 频段矢量网络分析仪和收发前端

6.3.2　测量目标

考虑目标 RCS 的可测性，定标球尺寸选择不超过紧缩场静区范围大小，且 RCS 尽可能大的定标球（直径 200 mm，目标 RCS=－15 dBsm），目标选择三面角反射器与金属球体。之所以选择该目标，是因为角反射器的单站 RCS 在一定测量角度内足够大，200 mm 金属球体作为定标体且 RCS 也足以被检测得到。两个目标的散射中心不同，利用系统测量典型目标 RCS 并利用 RCS 成一维距离像可以明显看出其散射中心位置。目标角反射器的棱长（三个等腰直角三角形的两个腰）为 200 mm，金属球的直径为 200 mm。通过第 4 章的分析检测，目标泡沫塑料支架应距离紧缩场反射面 2.6 m 以外。

6.3.3　测量流程及注意事项

基于本书自研 200 GHz 频段收发测量系统样机，测量 200 GHz 频段典型目标电磁散射特性模拟测量的流程如图 6-2 所示。基于 300 GHz 频段矢量网络分析仪进行 300 GHz 测量流程除安装过程和位置与 200 GHz 频段测量类似之外，其他数据处理部分可由矢量网

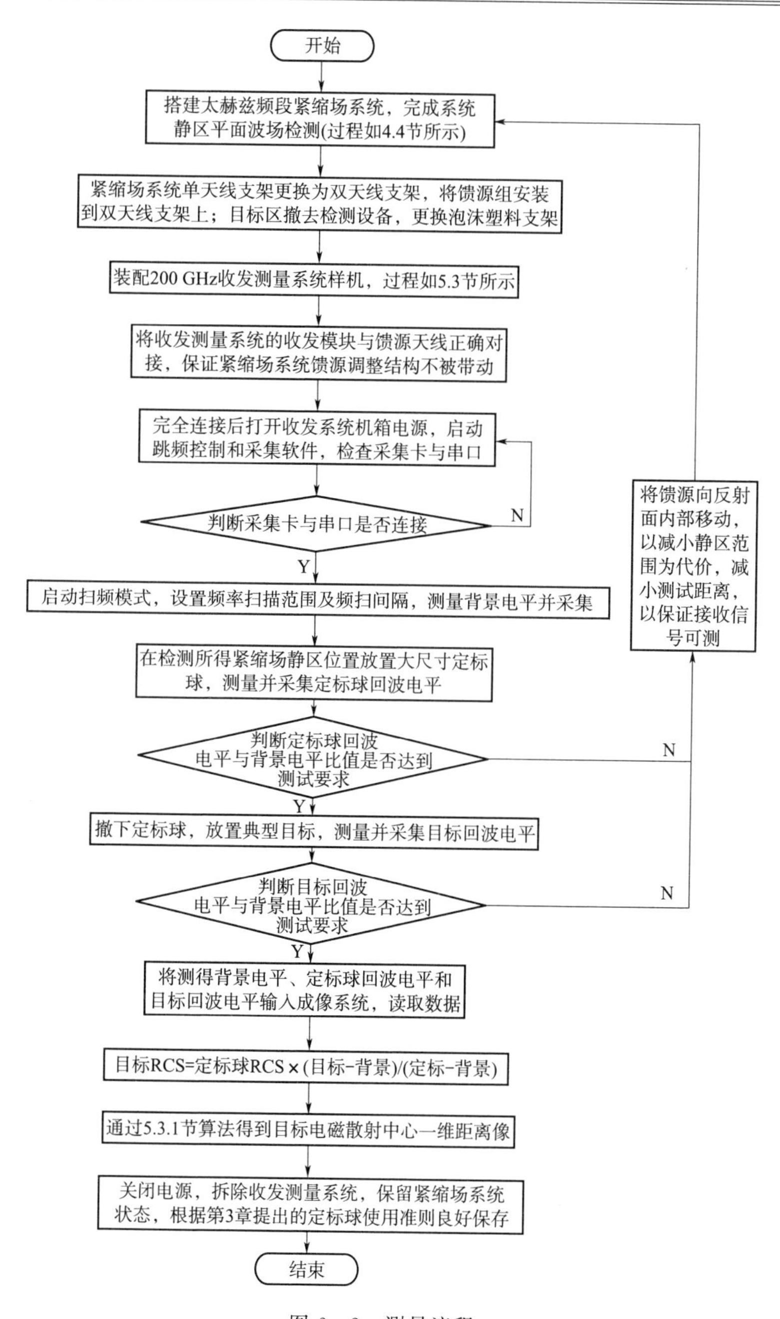
开始
搭建太赫兹频段紧缩场系统，完成系统静区平面波场检测(过程如4.4节所示)
紧缩场系统单天线支架更换为双天线支架，将馈源组安装到双天线支架上；目标区撤去检测设备，更换泡沫塑料支架
装配200 GHz收发测量系统样机，过程如5.3节所示
将收发测量系统的收发模块与馈源天线正确对接，保证紧缩场系统馈源调整结构不被带动
完全连接后打开收发系统机箱电源，启动跳频控制和采集软件，检查采集卡与串口
判断采集卡与串口是否连接
N
Y
启动扫频模式，设置频率扫描范围及频扫间隔，测量背景电平并采集
在检测所得紧缩场静区位置放置大尺寸定标球，测量并采集定标球回波电平
判断定标球回波电平与背景电平比值是否达到测试要求
N
Y
撤下定标球，放置典型目标，测量并采集目标回波电平
判断目标回波电平与背景电平比值是否达到测试要求
N
Y
将馈源向反射面内部移动，以减小静区范围为代价，减小测试距离，以保证接收信号可测
将测得背景电平、定标球回波电平和目标回波电平输入成像系统，读取数据
目标RCS=定标球RCS×(目标-背景)/(定标-背景)
通过5.3.1节算法得到目标电磁散射中心一维距离像
关闭电源，拆除收发测量系统，保留紧缩场系统状态，根据第3章提出的定标球使用准则良好保存
结束

图 6-2　测量流程

络分析仪自带数据处理程序对其进行成像处理。

其中，需要注意的事项如下：

1）紧缩场系统的平面波检测部分在测量流程中必不可少，因为太赫兹频段波长较短，紧缩场系统馈源调整机构和目标转台出现细微的位移或转动都会引起紧缩场平面波场区的变化，导致测量结果不正确。

2）在背景信号测量和定标、目标信号测量的过程中，需要保证电平的幅值之比大于 10 dB，最好可以达到 20 dB 以上，以保证测量实验结果的准确性。这样需要定标球和目标 RCS 相对较大，如背景电平较高可通过铺设吸波材料解决。

3）在对背景信号、定标信号和目标信号测量实验过程中，应该多次测量取均值，以对消收发系统天线副瓣能量泄露及收发天线周围复杂电磁环境的影响。

4）如果采集卡与串口连接失败，需要检查采集卡是否良好接地，以及采集板卡，RS－485 串口转 USB 的驱动是否良好安装，以及同轴转双线部分连接是否完好。根据测量实验经验，此类细节易被忽略。

5）定标球在使用过程中，应该按照本书第 3 章提出的太赫兹频段定标球的加工和管理准则使用和保存。系统测量实验结束后，紧缩场系统的保存和再次使用需要按照本书第 4 章提出的紧缩场系统检测准则进行检测和恢复。

6.4　200 GHz 频段目标电磁散射特性测量结果与分析

6.4.1　测量结果

测量场景如图 6-3 所示。

(a) 紧缩场看向目标区

(b) 目标区看向紧缩场

图 6-3　200 GHz 频段测量场景

按照 6.3.3 节的测量步骤，完成 200 GHz 频段目标电磁散射特性的测量实验。

(1) 背景信号一维散射中心分布测量结果

背景信号一维散射中心分布测量结果如图 6-4 所示。图 6-4 (a) 为背景信号一维散射中心分布测量结果，采用背景信号与系统断电后噪声信号对比，经－15 dBsm定标球定标后，利用IFFT成一维散射中心距离像的算法，评测系统背景噪声的影响；图6－4（b）为背景对消的结果，用第一次背景测量作为背景信号去标定第二次背景测量信号的幅值。

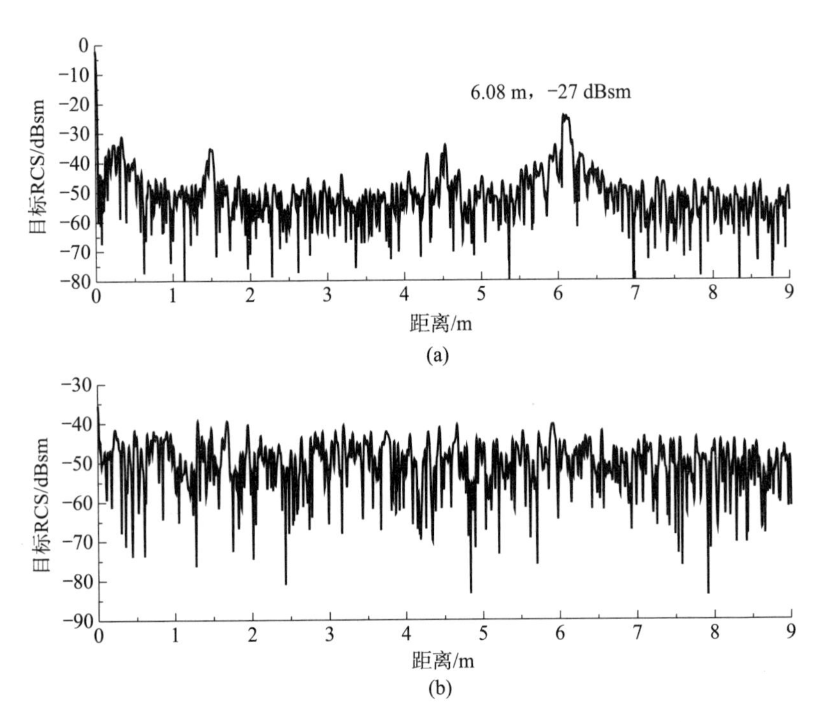

图6－4 背景信号一维散射中心分布测量结果（200 GHz频段）

图6－4（a）标注的点距离为6.08 m，经多次测量背景信号发现，该点始终存在峰值。由于暗室内构建采用吸波屏，而非在墙体粘贴吸波材料，吸波屏距离馈源天线为6 m左右，因此应为后方吸波屏反射。经定标后该后墙RCS为－27 dBsm。在实际测量实验过程中，采用背景信号对消和对定标信号和目标信号加距离门的形式消掉后墙干扰。由图6－4（b）可明显看出，在干扰抵消的情况下，

测试距离内背景 RCS 低于－40 dBsm。为保证测试信噪比，测试目标可以选择 RCS 大于－20 dBsm 的目标进行测量，测量误差可控制在±1 dB 范围内。

（2）定标球一维散射中心分布测量结果

利用直径 200 mm，目标 RCS＝－15 dBsm 定标球对系统进行定标。定标球摆放位置如图 6－3 右侧所示，距离反射面中心约为 3 m。实验定标结果在不加距离门的情况下如图 6－5 所示。

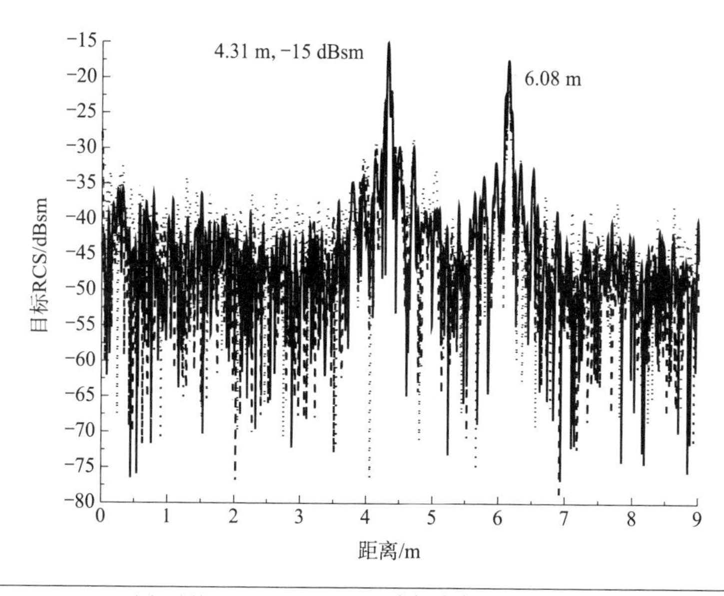

图 6－5 200 mm 定标球不加距离门一维散射中心分布测量结果（200 GHz 频段）

图 6－5 中三条曲线为三次测量定标结果。根据图 6－5 可以得出如下结论：与图 6－4 的背景噪声测量结果相比，在 4.31 m 处出现的尖峰为真实定标球的信号。由于目标中心距离反射面中心约为 3 m，紧缩场系统焦距为 1.3 m，即馈源天线距离紧缩场反射面中心的距离为 4.3 m，因此测距结果真实准确，在误差范围以内。另外，

经多次测量，系统测得目标的位置没有变化，可以保证全系统的稳定性和测量的真实性。

由于背景 6.08 m 处的干扰，因此对定标结果加距离门。根据测量实验目标区泡沫塑料支架的摆放位置，距离门加在中心位置为 4.5 m，成像区为 1 m 的位置。加距离门后定标球一维散射中心分布测量结果如图 6－6 所示。

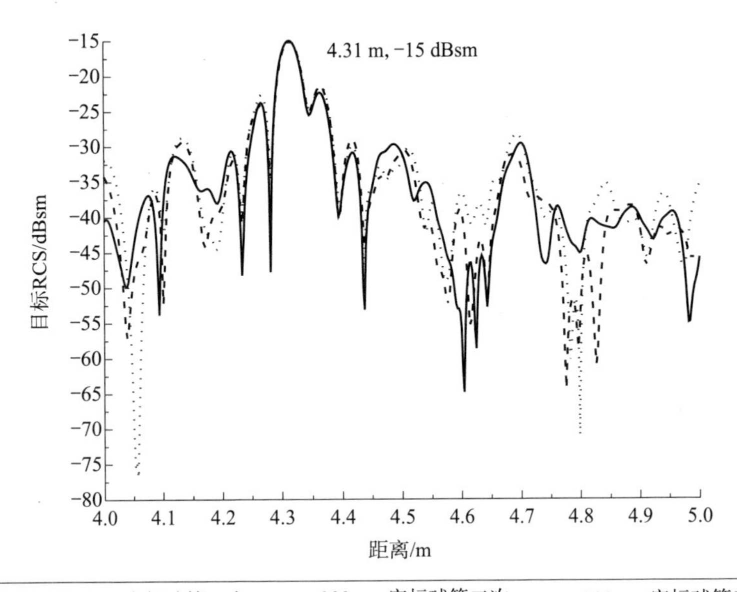

图 6－6　200 mm 定标球加距离门后一维散射中心分布测量结果（200 GHz 频段）

由于太赫兹频段测量随机误差及定标球自身加工误差的影响，可能会为目标散射中心分布一维成像实验带来定标误差。本书采用两次定标球所测得的信号进行互定标，首先利用第一次定标球测量信号作为定标，第二次定标球测量信号作为目标，去测试相同定标球体的位置和 RCS 信息，测量结果如图 6－7 所示；然后利用第二次定标球测量信号作为定标，第一次定标球测量信号作为目标，去测试相同定标球体的位置和 RCS 信息，测量结果如图 6－8 所示。

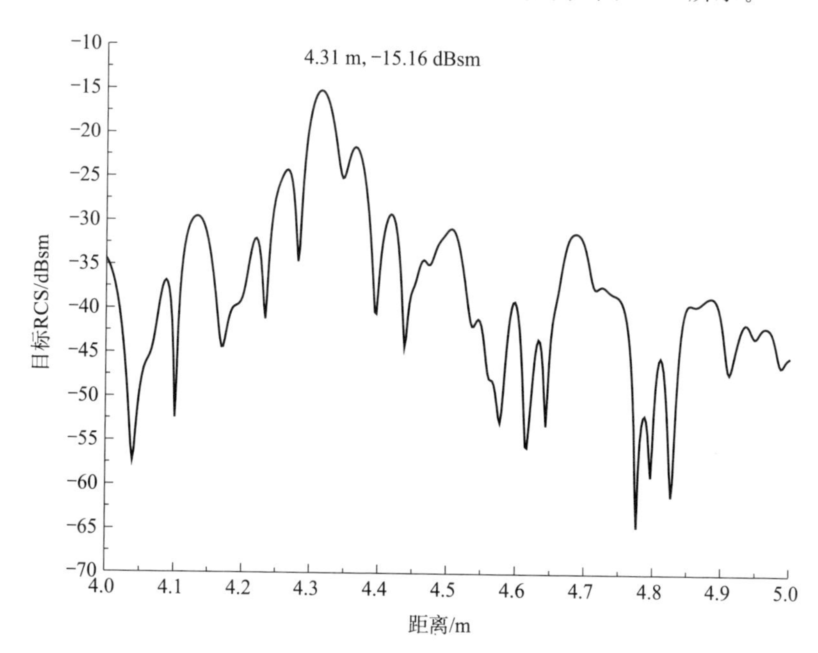

图 6－7　200 mm 定标球第一次测量信号作为定标，第二次信号作为目标一维成像结果（200 GHz 频段）

从两次定标球互相标定的结果可以看出，在测试距离上，4.31 m 的位置没有发生变化。RCS 互相标定的过程中，第一次定标球测量信号作为－15 dBsm 定标，去标定第二次测量定标球测量信号，所得目标 RCS 为－15.16 dBsm；反过来第二次测量信号标定第一次测量信号时，所得目标 RCS 为－14.83 dBsm。两次标定结果的误差均在±0.25 dB 以内。根据本书第 3 章对太赫兹频段定标技术的分析，定标结果误差在±0.25 dB 以内属于测量范围内允许的误差，定标结果真实有效，可以使用此定标球继续进行后续目标散射中心分布一维成像的测量。

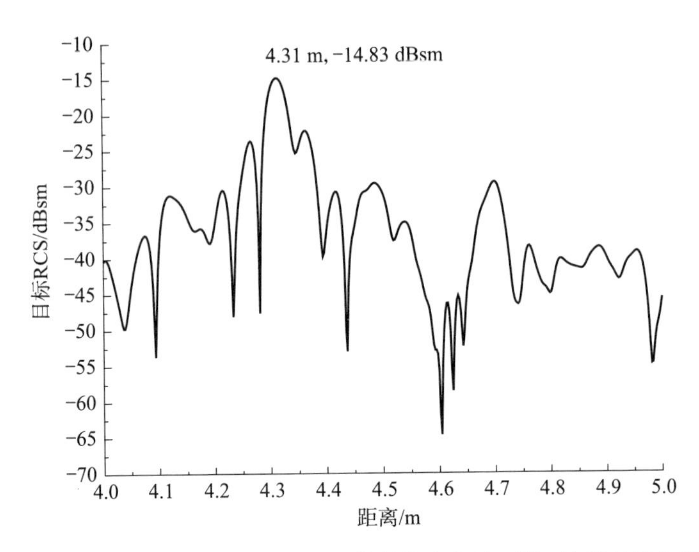

图 6-8 200 mm 定标球第二次测量信号作为定标，第一次信号作为目标一维成像结果（200 GHz 频段）

（3）单目标散射中心分布一维成像测量结果

由于三次定标结果在主目标点基本重合，因此利用第一次的测试结果作为定标数据。单目标散射中心分布一维成像测量实验分为两种状态，一是被测目标为球体，二是被测目标为三面角反射器。球体利用直径 200 mm 的金属球体作为目标，角反射器利用棱长 200 mm 的三面角反射器，距离门加在中心位置为 4.5 m，成像区为 1 m 的位置。单目标一维散射中心分布测量结果如图 6-9 和图 6-10 所示，单目标散射中心分布一维成像测量具体结果如表 6-1 所示。

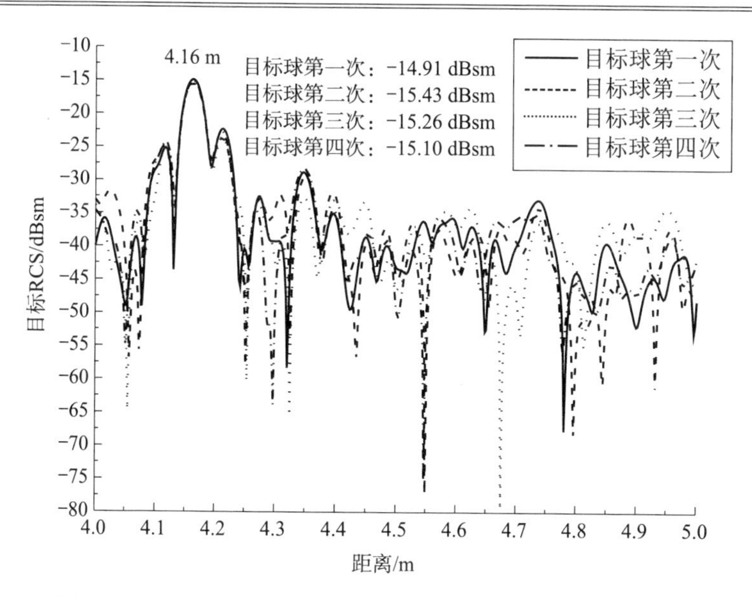

图6-9　直径200 mm金属球体目标散射中心分布一维成像测量结果（200 GHz频段）

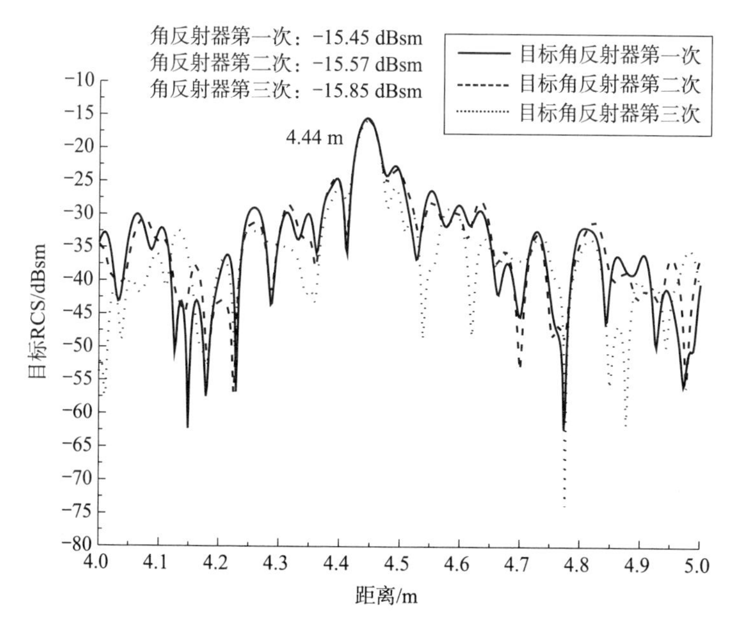

图6-10　棱长200 mm三面角反射器目标散射中心分布一维成像测量结果（200 GHz频段）

表 6-1 单目标散射中心分布一维成像测量具体结果（200 GHz 频段）

测试目标及次数	散射中心位置/m	散射中心目标 RCS/dBsm	目标 RCS 均值/dBsm 和变异系数/%
金属球体第一次测量	4.16	−14.91	均值：−15.175；变异系数：4.42
金属球体第二次测量	4.16	−15.43	
金属球体第三次测量	4.16	−15.26	
金属球体第四次测量	4.16	−15.10	
金属角反射器第一次测量	4.44	−15.45	均值：−15.623；变异系数：3.85
金属角反射器第二次测量	4.44	−15.57	
金属角反射器第三次测量	4.44	−15.85	

图 6-9 所示为直径 200 mm 金属球体散射中心分布一维成像测量结果。目标摆放位置如图 6-3（b）所示。为保证与三次定标测试有所差异，将目标球的位置相比定标时略微靠近紧缩场反射面，仍旧保持在紧缩场平面波区以内。从图 6-9 中可以明显看出，由于将目标球相比定标较近，因此所得成像距离为 4.16 m，且四次成像点基本重合。四次测得目标散射中心单站 RCS 均值为−15.175 dBsm，与理论值−15 dBsm 均相差不到 1 dB，变异系数为 4.42%，波动范围很小，表明该系统测量准确度可以达到使用标准。

图 6-10 所示为棱长 200 mm 三面角反射器散射中心分布一维成像测量结果。三面角反射器摆放位置如图 6-3（a）所示。由于目标泡沫塑料支撑台是拼接而成的，角反射器质量较大，再考虑到定标球在距离门内的位置，因此角反射器的摆放位置靠后一些。对三面角反射器进行三次一维成像测量实验，通过测量结果可以看出，目标散射中心与馈源距离为 4.44 m，且三次测得结果一致。三次测得目标散射中心单站 RCS 均值为−15.623 dBsm。通过理论计算仿真，

当棱长 200 mm 的三面角反射器平面波入射角度为正向时（与测量实验环境一致，平面波入射方向与反射器底边大约平行），角反射器单站 RCS 理论值在 200～210 GHz 范围内为－18～－17 dBsm，测量结果与仿真结果相差 3 dB 以内。由于测量用三面角反射器后面有金属支架，因此摆放在泡沫塑料支撑台上存在一定俯仰角，导致平面波照射到角反射器的功率要大于完全与底边平行的情况，所以实测结果高于理论结果。其变异系数为 3.85%，波动范围很小。角反射器散射中心分布一维成像测量结果同样验证了全系统测量的准确性。

（4）双目标散射中心分布一维成像测量结果

单目标散射中心分布一维成像测量结果验证了系统的测量准确度可以达到使用标准。从第 5 章系统评测来看，为了考察系统的距离分辨率，需要得到双目标的散射中心分布一维成像测量结果。

我们采用直径 200 mm 金属球和棱长 200 mm 三面角反射器作为双目标。由于两个目标大小相当，为了防止目标前后摆放时前方球对后方三面角反射器存在遮挡，因此需要在摆放时将两个目标稍稍左右错开。为了进行比对，将两个目标距离分别摆放至邻近和相对远离两种状态进行测量实验，如图 6－11 所示。

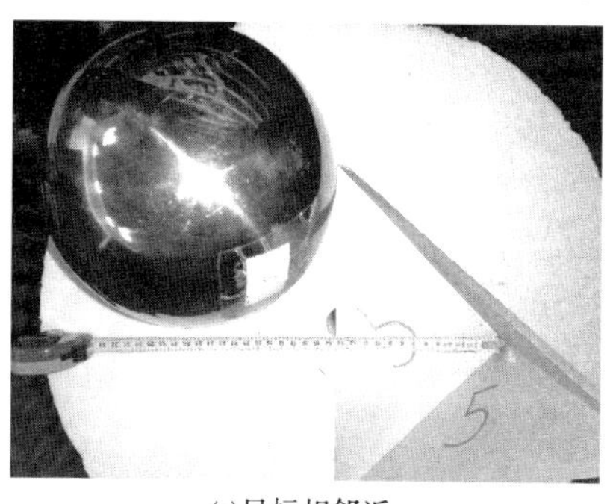

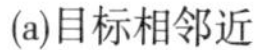
(a)目标相邻近

(b)目标相对远离

图 6－11 金属球与三面角反射器双目标实际位置

从图 6－11 可以看出，两个目标测量邻近摆放时，金属球内侧顶点与三面角反射器外侧棱边约在同一个面上，200 mm 棱长的棱边距离顶点 141.4 mm，二者理论上散射中心相距约 0.07 m；两个目标测量远离摆放时，金属球前方顶点与三面角反射器内部棱边距离约为 0.6 m。为了防止金属球遮挡住角反射器内部顶点，将金属球与角反射器水平位移拉开 100 mm（金属球半径），二者理论上散射中心相距约 0.55 m。

双目标测量全系统如图 6－12 所示。两个邻近目标的散射中心分布一维成像测量结果如图 6－13 所示。两个远离目标的散射中心分布一维成像测量结果如图 6－14 所示。双目标散射中心分布一维成像测量具体结果如表 6－2 所示。

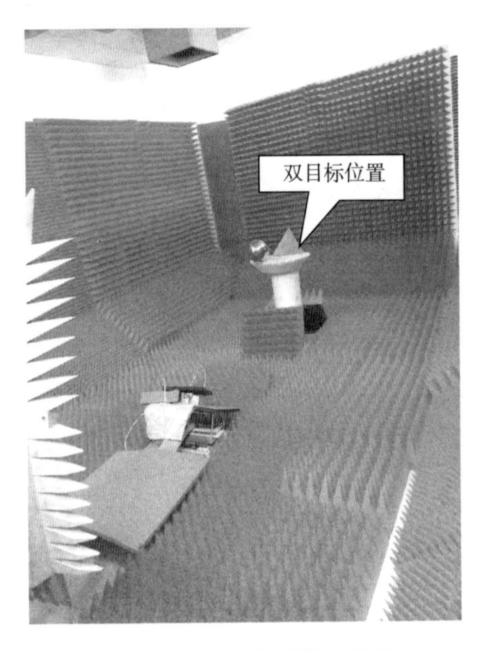

图 6－12　双目标测量全系统

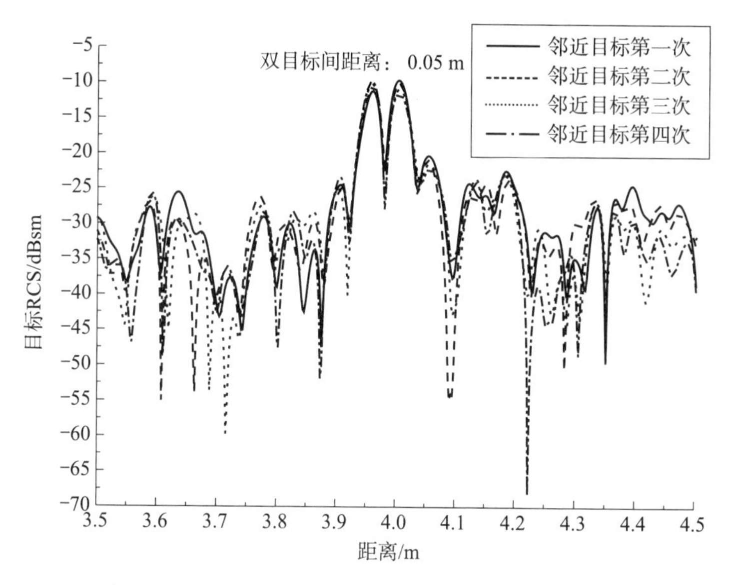

图 6-13　两个目标相邻近时散射中心分布一维成像测量结果（200 GHz 频段）

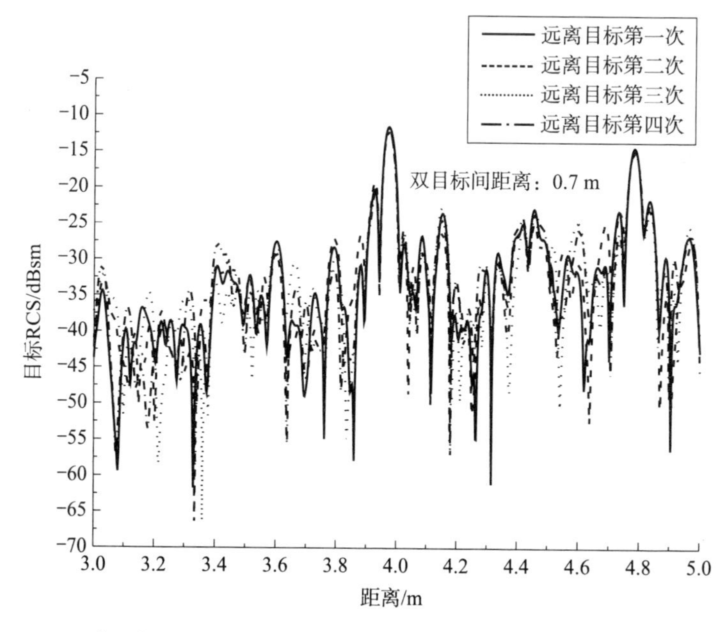

图 6-14　两个目标相对远离时散射中心分布一维成像测量结果（200 GHz 频段）

表 6－2　双目标散射中心分布一维成像测量结果（200 GHz 频段）

<table>
<tr><th>测试目标及次数</th><th>目标间测量距离/m</th><th>目标间实际距离/m</th><th>距离误差</th><th>前方目标RCS/dBsm</th><th>后方目标RCS/dBsm</th><th>目标 RCS 均值/dBsm 和变异系数/%</th></tr>
<tr><td>邻近目标第一次</td><td>0.05</td><td>0.07</td><td rowspan="4">绝对误差：0.02 m；相对误差：28.6%</td><td>－11.25</td><td>－9.66</td><td rowspan="4">前方均值：－10.445；前方变异系数：11.80；后方均值：－10.511；后方变异系数：16.13</td></tr>
<tr><td>邻近目标第二次</td><td>0.05</td><td>0.07</td><td>－10.62</td><td>－10.17</td></tr>
<tr><td>邻近目标第三次</td><td>0.05</td><td>0.07</td><td>－10.19</td><td>－10.93</td></tr>
<tr><td>邻近目标第四次</td><td>0.05</td><td>0.07</td><td>－9.84</td><td>－11.51</td></tr>
<tr><td>远离目标第一次</td><td>0.7</td><td>0.55</td><td rowspan="4">绝对误差：0.15m 相对误差：27.3%</td><td>－11.65</td><td>－14.41</td><td rowspan="4">前方均值：－11.897；前方变异系数：5.05；后方均值：－14.628；后方变异系数：4.88</td></tr>
<tr><td>远离目标第二次</td><td>0.7</td><td>0.55</td><td>－12.25</td><td>－14.44</td></tr>
<tr><td>远离目标第三次</td><td>0.7</td><td>0.55</td><td>－11.79</td><td>－14.81</td></tr>
<tr><td>远离目标第四次</td><td>0.7</td><td>0.55</td><td>－11.92</td><td>－14.88</td></tr>
</table>

图 6－13 测量结果对应图 6－11（a）的场景，从图中可以看出，两个目标散射中心距离 0.05 m（前方目标 3.95 m，后方目标 4 m），四次目标散射中心分布一维成像测量结果曲线类似，两个目标 RCS 均值约为－10.5 dBsm。前方目标 RCS 变异系数为 11.80%，后方目标 RCS 变异系数为 16.13%，比单目标测试波动增大。从成像的结果来看，两个目标散射中心距离要比物理上两个目标散射中心距离略近，有 0.02 m 的绝对误差，但通过多次测量，可以明确看到 0.05 m 为两个目标电磁散射中心距离。基于紧缩场的目标散射中心分布一维成像结果显示，系统与第 5 章得到的自由空间测量结论一致，系统分辨率在 40～60 mm。

图 6－14 测量结果对应图 6－11（b）的场景，从图中可以看出，

两个目标散射中心距离约 0.7 m（前方目标 4.0 m，后方目标 4.7 m），四次目标散射中心分布一维成像测量结果曲线类似，前方目标 RCS 均值－11.897 dBsm，变异系数为 5.05％；后方目标 RCS 均值－14.628 dBsm，变异系数为 4.88％。两个远离目标的 RCS 无论是均值还是波动情况都比两个邻近目标要好。从成像的结果来看，两个目标散射中心距离要比物理上两个目标散射中心距离远一些，原因在于球目标在角反射器前方，为了两个目标都被探测到，目标金属球和三面角反射器错开了一个角度，存在电磁波的绕射效应。如图 6－11 所示，电磁波在目标球挡在角反射器前方时，比电磁波直射角反射器的情况，存在绕射路径。直射的距离为直径 $2r=200$ mm，绕射的距离为半周长 $\pi r=314.16$ mm。理论上存在 114 mm 的波程增量，再加上两个目标横向位移差，散射中心的距离应比物理距离远 150 mm 左右。

从以上双目标散射中心分布一维成像结果可以看出，前方目标距离测量结果要比后方目标准确。其原因是电磁波的绕射使得电磁波照射到后方目标行进了更远的距离，而且双目标之间存在电磁波的耦合效应及多次反射。

6.4.2　测量结果分析

从背景信号的一维散射中心分布测量结果可以看出，造成信号干扰有两部分：一是目标后向吸波屏或后墙的反射对回波信号的影响，即本次测量实验出现在 6.08 m 处的尖峰；二是由于发射天线和接收天线互耦干扰，即本次测量实验出现在零点处的尖峰。在测量实验过程中，为了规避这两个干扰，需要目标位置距离两个干扰在系统测量允许的范围内尽可能远，然后加距离门将两个干扰峰滤除。

从定标结果和单目标散射中心分布一维成像测量结果可以看出，

二者的测量方法基本一致。在紧缩场目标散射中心一维成像和定标的过程中，定标球和目标越大，目标的RCS就越大，信噪比越大，测量结果就越准确。但是需要注意，目标和定标球的尺寸不得超过紧缩场静区的范围，否则测量结果的准确性无法得到保证。

从双目标的散射中心分布一维成像测量结果可发现，双目标的距离和目标RCS的测量结果与真实值略有误差。由于雷达一维成像的原理是接收机接收发射机照射到目标的回波，后向散射和后向镜面反射是雷达回波的主要部分，此外还有爬行波等次要部分。由于爬行波的滞后效应，有时也会有一部分散射点与目标本体不在同一个点上。

200 GHz频段目标电磁散射模拟测量实验的结果验证了此前太赫兹频段紧缩场测量系统和200 GHz频段收发测量系统的实用性。由于此前对紧缩场系统检测扩展至300 GHz频段，因此下面需要对300 GHz频段基于紧缩场测量系统的目标电磁散射模拟测量技术继续进行验证。

6.5 300 GHz频段目标电磁散射特性测量结果与分析

6.5.1 测量结果

测量场景及馈源摆放位置如图6-15所示。将图6-4中自研200 GHz频段收发测量系统更改为罗德与施瓦茨220～330 GHz频段矢量网络分析仪，发射接收前端模块与天线的位置与此前放置条件保持相同。为保证测量准确性，矢网主机与收发前端模块之间应使用原装射频及中频线缆连接，这样导致主机需要放置在馈源附近处，但尽量偏离目标入射电磁波的波束通道，并在主机一侧覆盖吸波材料。测量中跳频范围为 300～304 GHz，测量步骤与 200 GHz 频段测量相同。

(a) 测量场景(紧缩场看向目标区)

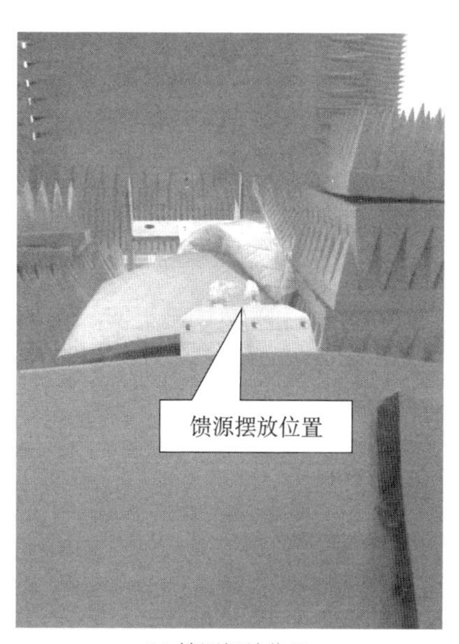

(b) 馈源摆放位置

图 6 - 15　300 GHz 频段测量场景及馈源摆放位置

特别地，在双目标测试过程中，由于 300 GHz 波长较短，测试过程中容易受到周围环境的影响，而且矢量网络分析仪的发射功率较低，因此需要使用尺寸较大的目标体进行测量实验。三面角反射器 RCS 要远高于 200 GHz 频段测量的情况，再加上 4 GHz 的测试带宽较窄，所以在双目标间距离 0.07 m 时，小 RCS 的球目标散射中心会被大 RCS 的角反射器目标淹没，导致目标散射中心分布一维成像结果难以分辨出两个过于邻近的目标。当两个邻近目标距离约为 0.2 m 时，两个目标在一维散射中心分布距离像上出现明显的尖峰。所以，将两个邻近目标的摆放距离设为 0.2 m。除双目标相邻近状态散射中心分布成像测量外，其他测量条件均与200 GHz频段相同。

（1）背景信号一维散射中心分布测量结果

背景信号一维散射中心分布测量结果如图6-16所示，采用-15 dBsm定标球定标，利用ZVA24矢量网络分析仪内置数据处理软件，可直接变换到距离域上，评测系统背景噪声的影响。

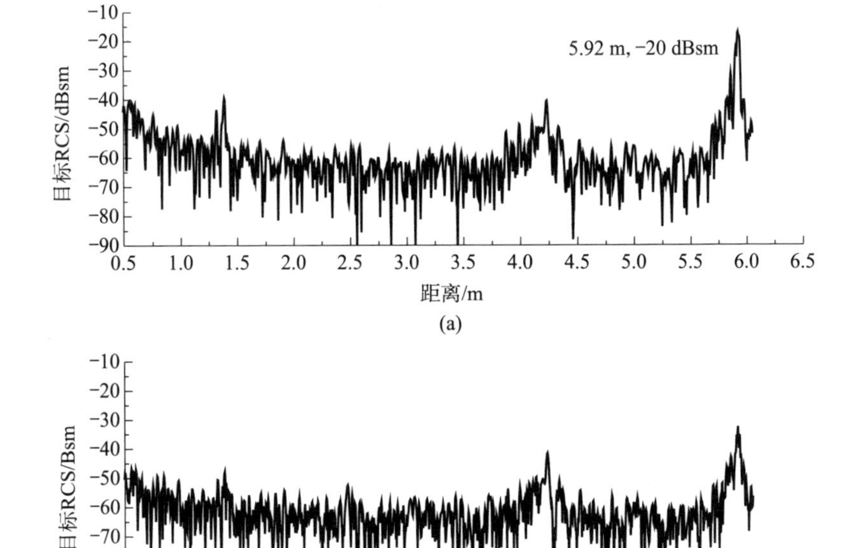

图6-16 背景信号一维散射中心分布测量结果（300 GHz频段）

图6-16上半部分标注的点距离为5.92 m，经多次测量背景信号发现，该点始终存在峰值。其产生原因与200 GHz频段测量时相同，经定标后该干扰区峰值为-20 dBsm。与200 GHz测量时有0.1 m左右的距离差是由于紧缩场馈源摆放位置误差所致，干扰峰值比200 GHz高的原因应该是吸波屏上尖劈型吸波材料的吸波效能

随频率增高而下降所致。图 6 - 16 下半部分为背景对消后的结果，在干扰抵消的情况下，测试距离内背景 RCS 低于－40 dBsm。与 200 GHz频段目标电磁散射特性测量相同，在实际测量实验过程中，可以采用背景信号对消或对定标信号和目标信号加距离门的形式消掉 5.92 m 处的干扰。

(2) 定标球一维散射中心分布测量结果

利用直径 200 mm、目标 RCS=－15 dBsm 的定标球对系统进行定标，定标球距离反射面中心约为 2.7 m。在不加距离门的情况下，定标球一维散射中心分布测量结果如图 6 - 17 所示。

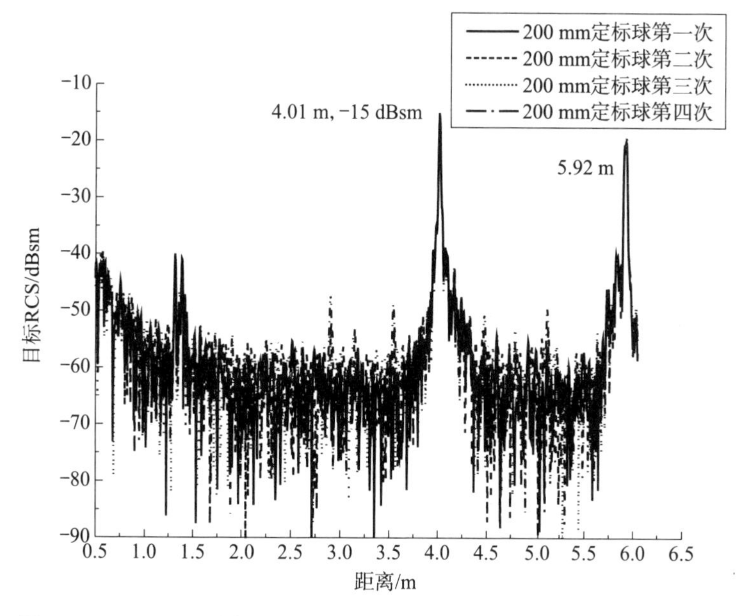

图 6 - 17　200 mm 定标球一维散射中心分布测量结果（300 GHz 频段）

图 6 - 17 中三条曲线为三次测量的结果。根据图 6 - 17 可以得出如下结论：与图 6 - 16 的背景噪声测量结果相比，在 4.01 m 处出现的尖峰为测得真实定标球的信号。由于目标中心距离反射面中心约

为 2.7 m，紧缩场系统焦距为 1.3 m，即馈源天线距离紧缩场反射面中心的距离为 4 m，因此测距结果真实准确，在误差范围以内。另外，经多次测量，系统测得目标的位置没有变化，可以保证全系统的稳定性和测量的真实性。

由于背景 5.92 m 处的干扰，因此对定标结果加距离门，根据测量实验目标区泡沫塑料支架的摆放位置，距离门加在中心位置为 4 m，宽度为 2 m。加距离门后定标球一维散射中心分布测量结果如图 6－18 所示。

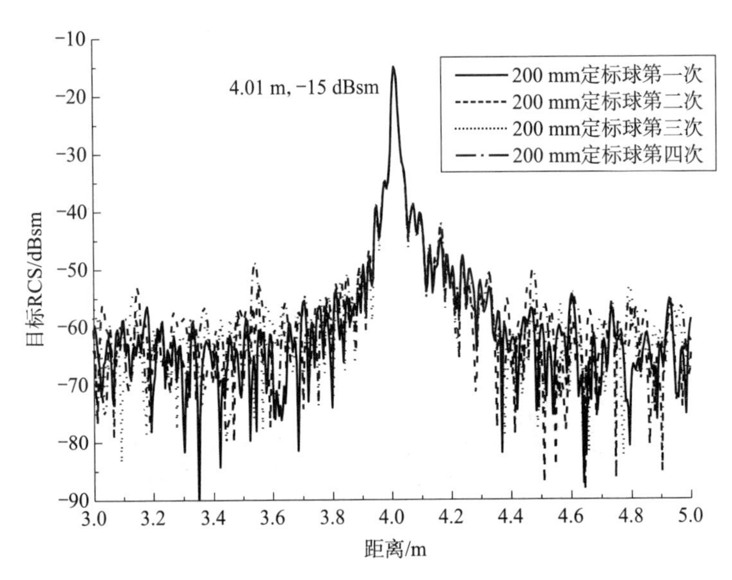

图 6－18 200 mm 定标球加距离门后一维散射中心分布测量结果（300 GHz 频段）

同样，利用定标球两次测量数据进行互定标，得到的成像结果分别如图 6－19 和图 6－20 所示。

从两次定标球互相标定的结果可以看出，在测试距离上，4.01 m 的位置没有发生变化。RCS 互相标定的过程中，第一次定标球测量信号作为－15 dBsm 定标，去标定第二次测量定标球测量信

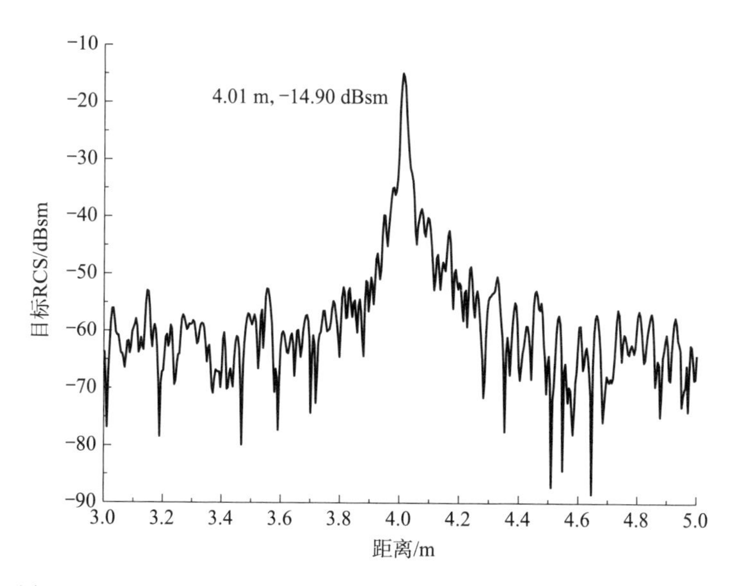

图 6-19　200 mm 定标球第一次测量信号作为定标，第二次信号作为目标成像结果（300 GHz 频段）

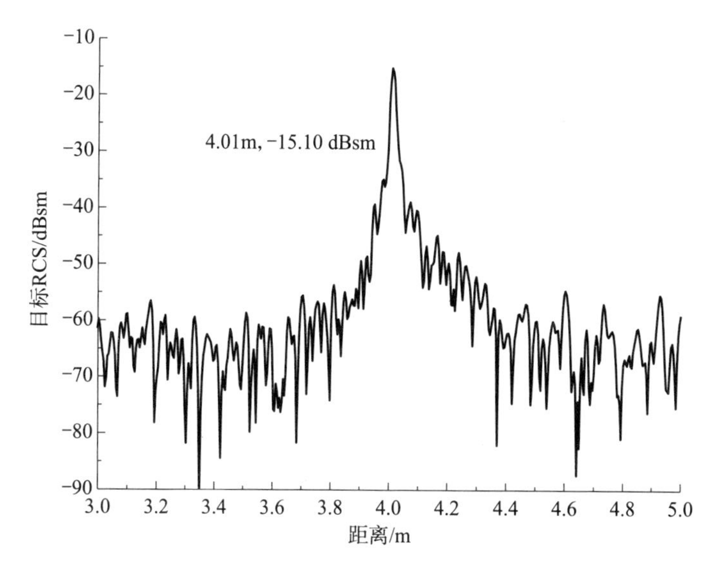

图 6-20　200 mm 定标球第二次测量信号作为定标，第一次信号作为目标成像结果（300 GHz 频段）

号，所得目标 RCS 为－14.90 dBsm；反过来第二次定第一次时，所得目标 RCS 为－15.10 dBsm。两次标定结果的误差均在±0.25 dB 以内。根据本书第 3 章对太赫兹频段定标技术的分析，定标结果误差±0.25 dB 以内属于测量范围内允许的误差，定标结果真实有效，可以使用此定标球继续进行后续目标散射中心分布一维成像的测量。

(3) 单目标散射中心分布一维成像测量结果

由于三次定标结果在主目标点基本重合，因此利用第一次的测试结果作为定标数据。单目标散射中心分布一维成像测量实验使用的被测目标体与 200 GHz 测量时相同，距离门中心位置为 4 m，宽度为 2 m。测量结果如图 6－21 和图 6－22 所示，单目标散射中心分布一维成像测量具体结果如表 6－3 所示。

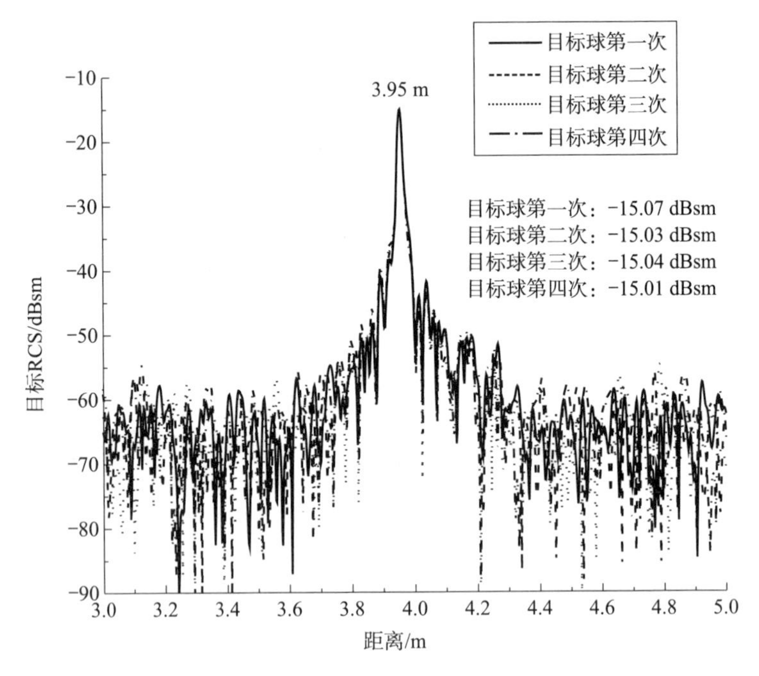

图 6－21　直径 200 mm 金属球体目标散射中心分布一维成像测量结果（300 GHz 频段）

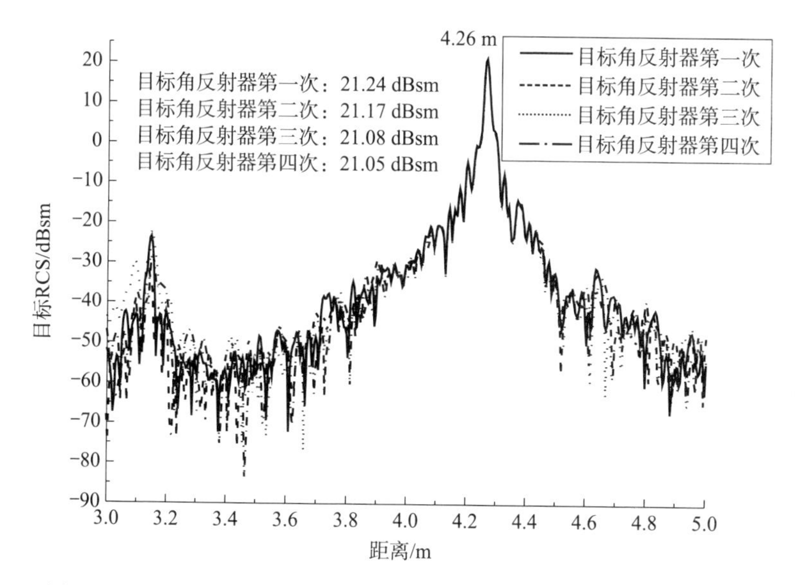

图 6－22　棱长 200 mm 三面角反射器目标散射中心分布一维成像测量结果（300 GHz 频段）

表 6－3　单目标散射中心分布一维成像测量具体结果（300 GHz 频段）

测试目标及次数	散射中心位置/m	散射中心目标 RCS/dBsm	目标 RCS 均值/dBsm 和变异系数/%
金属球体第一次测量	3.95	−15.07	均值：−15.038；变异系数：0.43
金属球体第二次测量	3.95	−15.03	
金属球体第三次测量	3.95	−15.04	
金属球体第四次测量	3.95	−15.01	
三面角反射器第一次测量	4.26	21.24	均值：21.135；变异系数：1.75
三面角反射器第二次测量	4.26	21.17	
三面角反射器第三次测量	4.26	21.08	
三面角反射器第四次测量	4.26	21.05	

图6-21所示为直径200 mm金属球体散射中心分布一维成像测量结果。四次测得目标散射中心单站RCS数据均值为－15.038 dBsm，与理论值－15 dBsm均相差不到0.1 dB，变异系数仅为0.43%，波动极小，表明该系统在300 GHz频段测量准确度可以达到使用标准，且测量结果的稳定性要好于200 GHz频段。

图6-22所示为棱长200 mm三面角反射器散射中心分布一维成像测量结果。四次测得目标散射中心单站RCS数据均值为21.135 dBsm。正三面角反射器的RCS在300 GHz范围内真值为18～19 dBsm。测量结果与真值相差3dB以内，变异系数为1.75%。

（4）双目标散射中心分布一维成像测量结果

300 GHz频段单目标散射中心分布一维成像测量结果验证了系统在300 GHz频段的测量准确度可以达到使用标准。同样，为了考察系统的距离分辨率，需要进行双目标的散射中心分布一维成像测量。由于300 GHz频段系统是成熟的通用矢量网络分析仪和收发前端，且工作原理和扫频方式与200 GHz自研系统不同，尤其是扫频带宽降至4 GHz，因此双目标测试结果需要进行多次实验。按6.4节的实验方法，双目标的摆放位置与图6-11相同，分别对两个目标相邻近和相对远离两种情况进行散射中心分布一维成像测量实验。本节已做过说明，其中两个目标相邻近状态无法保持与200 GHz频段收发系统一致，所以将两个邻近目标的距离调整为0.2 m，可以在双目标散射中心一维分布成像图上分辨出明显的尖峰。对于两个目标相距较远的情况，其纵向距离依旧保持0.55 m，但横向距离量略有增加。两个目标相邻近时散射中心分布一维成像测量结果如图6-23所示。两个目标相对远离时散射中心分布一维成像测量结果如图6-24所示。双目标散射中心分布一维成像测量具体结果如表6-4所示。

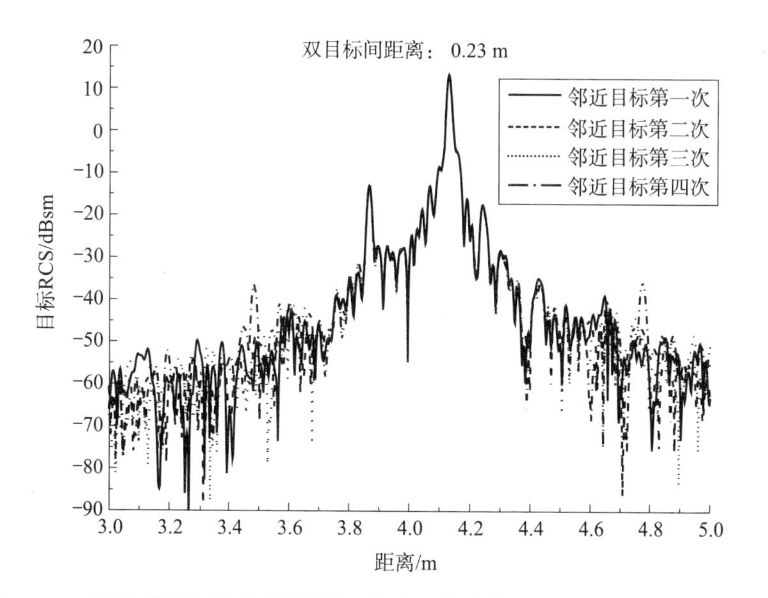

图 6－23　两个目标相邻近时散射中心分布一维成像测量结果（300 GHz 频段）

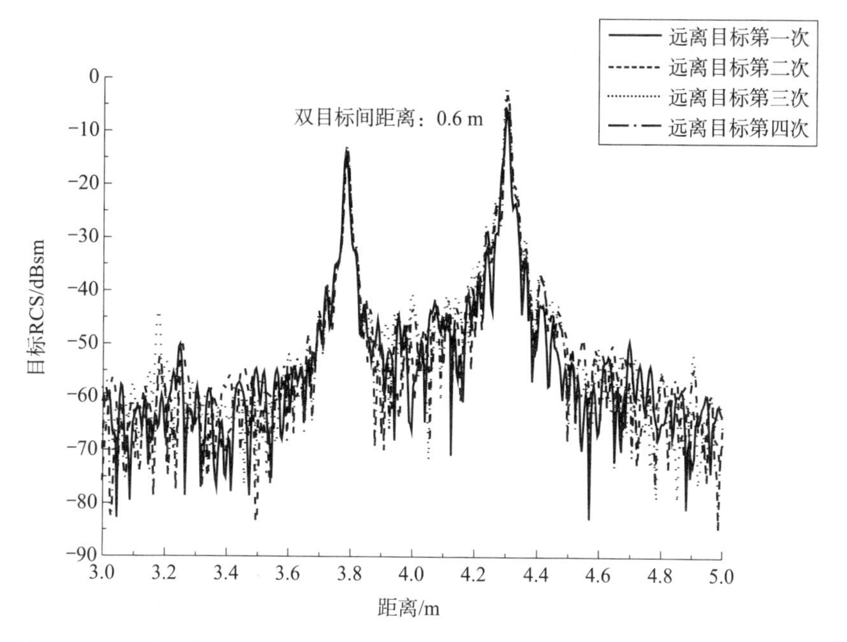

图 6－24　两个目标相对远离时散射中心分布一维成像测量结果（300 GHz 频段）

表 6-4　双目标散射中心分布一维成像测量结果（300 GHz 频段）

<table>
<tr><th>测试目标及次数</th><th>目标间测量距离/m</th><th>目标间实际距离/m</th><th>距离误差</th><th>前方目标RCS/dBsm</th><th>后方目标RCS/dBsm</th><th>目标RCS均值/dBsm和变异系数/%</th></tr>
<tr><td>邻近目标第一次</td><td>0.23</td><td>0.2</td><td rowspan="4">绝对误差：0.03 m；相对误差：15.0%</td><td>−13.00</td><td>13.24</td><td rowspan="4">前方均值：−12.916；前方变异系数：2.09；后方均值：13.174；后方变异系数：1.09</td></tr>
<tr><td>邻近目标第二次</td><td>0.23</td><td>0.2</td><td>−13.01</td><td>13.19</td></tr>
<tr><td>邻近目标第三次</td><td>0.23</td><td>0.2</td><td>−12.85</td><td>13.14</td></tr>
<tr><td>邻近目标第四次</td><td>0.23</td><td>0.2</td><td>−12.80</td><td>13.12</td></tr>
<tr><td>远离目标第一次</td><td>0.6</td><td>0.55</td><td rowspan="4">绝对误差：0.05 m；相对误差：9.1%</td><td>−13.85</td><td>−4.01</td><td rowspan="4">前方均值：−13.885；前方变异系数：2.60；后方均值：−3.028；后方变异系数：12.02</td></tr>
<tr><td>远离目标第二次</td><td>0.6</td><td>0.55</td><td>−13.75</td><td>−2.93</td></tr>
<tr><td>远离目标第三次</td><td>0.6</td><td>0.55</td><td>−13.87</td><td>−2.64</td></tr>
<tr><td>远离目标第四次</td><td>0.6</td><td>0.55</td><td>−14.06</td><td>−2.66</td></tr>
</table>

从两个邻近双目标测量结果（图 6-23）可以看出，两个目标散射中心距离 0.23 m（前方目标位置 3.88 m，后方目标位置4.11 m），四次目标散射中心分布一维成像测量结果曲线类似，与实际距离误差为 0.03 m，距离相对误差为 15%。前方金属球目标 RCS 均值为 −12.916 dBsm，与球目标真实 RCS 误差为 2.1 dB；后方目标 RCS 均值 13.174 dBsm。前方目标 RCS 变异系数为 2.09%，后方目标 RCS 变异系数为 1.09%，波动很小。考虑到由于 300 GHz 频段较高，网络分析仪发射功率有限，小目标很难被检测到，而大目标受尺寸所限，距离太近很容易引起耦合，所以从成像的结果来看，当双目标相距 0.2 m 时，多次测量之后发现目标位置没有发生变化，可认定测量结果真实有效。

从两个相距较远目标测量结果（图 6－24）可以看出，两个目标散射中心距离约 0.6m（前方目标位置 3.7 m，后方目标位置 4.3 m），四次目标散射中心分布一维成像测量结果曲线类似，与实际距离误差为 0.05 m，距离相对误差为 9.1%。前方目标 RCS 均值为－13.885 dBsm，与理论值－15 dBsm 仅有 1.5 dB 的误差；后方目标 RCS 均值为－3.028 dBsm。此前为了防止两个目标横向位移差较小导致存在 114 mm 的波程增量，所以角反射器与紧缩场平面波场区中心的位移偏离较此前略大。前方目标 RCS 变异系数为 2.60%，后方目标 RCS 变异系数为 12.02%，后方目标波动比前方目标略大。从成像的结果来看，两个目标散射中心距离比物理上两个目标散射中心距离要远一些，原因与 200 GHz 频段相同。但是，将横向位移拉大之后误差相较之前有了明显的好转。

从以上的双目标散射中心分布一维成像结果可以看出，双目标 RCS 和距离的测量结果在误差允许范围之内，但后方 RCS 和距离偏差较大，这是由于双目标存在多次反射和耦合效应，以及角反射器与平面波场中心位置有所偏离所致。

6.5.2　测量结果分析

从背景信号的测量结果可以看出，造成干扰的因素与 200 GHz 频段大体相同。与 200 GHz 频段不同的地方在于，300 GHz 频段周围环境对电磁波的影响比 200 GHz 频段要大，吸波材料的吸波效能随频率增高而下降，在成像位置和成像目标的选择上需要加以考量。

从定标结果和单目标测量结果可以看出，300 GHz 频段所应遵循的原则与 200 GHz 频段类似。不同的地方在于三面角反射器对频率的敏感度是平方量级，而球体对频率不敏感，所以如有条件，可利用角反射器作为定标体和目标进行考察。

从双目标的散射中心分布一维成像测量结果可以发现，双目标的距离和目标 RCS 的测量结果与真值略有偏差，原因与 200 GHz 频段测量误差原因基本一致。其不同之处在于，300 GHz 频段前方目标的 RCS 误差照比 200 GHz 频段小，后方目标的 RCS 误差照比 200 GHz 频段大。其原因在于 300 GHz 频段矢量网络分析仪和收发前端是研发较为成熟的商用仪器，而 200 GHz 频段收发测量系统为自研实验样机，在测量的稳定性上还需要进一步提高。但由于周围环境及角反射器目标对频率敏感度很高，因此在 300 GHz 频段测量时，后方角反射器的 RCS 会受到较为严重的影响。

300 GHz 频段目标电磁散射模拟测量结果验证了此前 300 GHz 频段定标体 RCS 的分布特性，以及 300 GHz 紧缩场测量系统的适用性，也为 300 GHz 频段目标电磁散射模拟测量技术深入研究提供了实物测量结果验证。

本章小结

本章将前几章研究的成果进行整合，基于自研 300 GHz 频段紧缩场系统，分别利用自研 200 GHz 频段收发测量系统及 300 GHz 频段矢量网络分析仪，对 200 GHz 频段和 300 GHz 频段的定标误差、单目标电磁散射特性及双目标电磁散射特性分别进行了目标散射中心分布一维成像实验。主要介绍了太赫兹频段基于紧缩场系统模拟测量实验的原理和方法，最终实现对典型目标模型在相应频段下的电磁散射特性模拟测量实验验证。实验结果表明，在 200 GHz 和 300 GHz 频段均能精确测量目标 RCS 值和散射中心准确位置。200 GHz 频段 RCS 测量误差变异系数≤4.42%，散射中心位置分辨率优于 0.05 m；300 GHz 频段 RCS 测量误差变异系数≤1.75%。测量结果及其所达到的指标填补了当前国内的空白，并系统验证了本书研究成果的实用性和配套性。实验结果对太赫兹频段定标技术，300 GHz 频段紧缩场系统设计仿真、误差分析及实验样机的检测结果，以及 200 GHz 频段收发测量系统样机的设计和使用实现了有效验证，为后续太赫兹频段目标电磁散射测量技术发展奠定了坚实基础。

第7章　结　论

太赫兹波在电磁波谱中位于微波与红外之间，具有一些特殊的性质。在太赫兹频段下有效地获取目标的散射数据，从中合理、精确地提取散射中心分布和进行必要的分析对于目标建模与识别有着重要作用，对于缩减目标RCS的隐身技术和增强RCS探测能力的雷达反隐身技术也有着重要意义。研究目标电磁散射特性通常有四种方法，本书针对太赫兹频段室内模拟测量方法的关键技术和关键设备开展研究。太赫兹频段目标电磁散射模拟测量技术的发展可以扩大目标电磁散射测量的应用范围，可以在相对较小的电波暗室内测量超电大尺寸的目标缩比模型的RCS。所以，研究太赫兹频段的目标电磁散射模拟测量技术是目标电磁散射特性研究的基础及重要支撑。

本书围绕太赫兹频段目标电磁散射模拟测量的关键技术和关键设备，完成了太赫兹频段定标技术、太赫兹频段紧缩场系统和太赫兹频段收发测量系统的研究。首先，本书完成了不规则金属定标球体在300 GHz频段RCS变化特性的研究，分别针对带状槽形条纹的椭球体和表面涂覆不同介质层的金属球体的RCS变化特性进行仿真和测试研究，揭示了定标球体RCS在不同因素作用下的变化规律，提出了太赫兹频段定标球的加工和使用管理准则。其次，本书完成了300 GHz频段单反射面紧缩场系统的研究与设计，同时对接收平面位置及馈源位置不准确带来的静区平面波误差特性进行了分析，提出了紧缩场接收端和馈源位置精确控制要求，完成了一套单反射面紧缩场系统实验样机的设计，构建测试条件并获得了可靠的静区场分布特性数据。再次，本书完成了一套 200 GHz 频段收发测量系统的研究与设计，同时完成了对分系统及系统整机性能的测试，并利用该收发测量系统完成了 200 GHz 频段目标一维距离成像测试。最后，本书综合利用前面的研究成果，完成了基于紧缩场系统的 200 GHz 频段和 300 GHz 频段典型目标电磁散射特性的测量和成像实验。实验结果为后续太赫兹频段目标电磁散射测量技术发展奠定了坚实基础。

本书的内容亮点如下：

1）首次定量获取了太赫兹频段非理想球体及涂覆球体两种不规则金属定标体的 RCS 变化特性数据，揭示了在 300 GHz 频段定标球体 RCS 在不同机械加工误差参数和涂覆材料电参数等因素作用下的变化规律，提出了太赫兹频段定标球的加工和使用管理准则，并进行了综合测试验证。

2）提出了 300 GHz 频段单反射面紧缩场系统设置接收端和馈源调整机构的必要性和精度控制要求。在对馈源位置及接收平面位置造成的误差进行仿真计算分析的基础上，提出控制精度要求为：接收端二维转台在 300 GHz 频段下需要俯仰角和水平方位角的步进角精度均小于 0.01°，馈源端调整机构在 X、Y、Z 三个位移维上控制精度要小于 0.2 mm，而在 φ 和 θ 两个角度维上调整精度要小于 1°，为 300 GHz 频段紧缩场实用系统设计提供了理论依据。

3）首次设计并研制出一套 300 GHz 频段紧缩场系统实验样机。样机测量结果表明，系统 8 mm 频段的静区范围为 0.4 m×0.4 m，3 mm 频段的静区范围为 0.3 m×0.3 m，1.25 mm 频段的静区范围为 0.3 m×0.3 m，1 mm 频段的静区范围为 0.2 m×0.2 m。

4）首次设计并研制出一套步进频率相参体制的 200 GHz 频段收

发测量系统。系统具有小型化、小质量、绝对带宽宽和脉冲重复周期短等优点。应用该系统完成了简单形体目标 RCS 测量和一维成像实验，对−20 dBsm 金属定标球 RCS 测量结果误差小于±1 dB，系统距离分辨率优于 40 mm。

5）在国内首次实现了太赫兹频段基于紧缩场系统的目标特性室内模拟测量。分别应用 200 GHz 频段收发测量系统和 300 GHz 频段矢量网络分析仪，基于紧缩场系统，在 200 GHz 频段和 300 GHz 频段分别完成了目标 RCS 和散射中心分布一维成像实验。实验结果表明，在 200 GHz 和 300 GHz 频段均能精确测量目标 RCS 值和散射中心准确位置。200 GHz 频段 RCS 测量误差变异系数≤4.42%，散射中心位置分辨率优于 0.05m；300 GHz 频段 RCS 测量误差变异系数≤1.75%。测量结果及其所达到的指标填补了当前国内的空白，并系统验证了本书研究成果的实用性和配套性。

参考文献

[1] Siegel P H. Terahertz technology [J]. IEEE Transactions on Microwave Theory and Techniques, 2002, 50 (3): 910 - 928.

[2] Woolard D L, Brown R, Pepper M, et al. Terahertz frequency sensing and imaging: A time of reckoning future applications [J]. Proceedings of the IEEE, 2005, 93 (10): 1722 - 1743.

[3] 刘盛纲，姚建铨，张杰．太赫兹科学技术的新发展 [C]. 香山科学会议第 270 次学术讨论会，北京，2005.

[4] 李喜来，徐军，曹付允，等．太赫兹波军事应用研究 [C]. 中国光学学会 2006 年学术大会本文摘要集，2006.

[5] Nichols E J, Tear J D. Joining the infrared and electric wave spectra [J]. Astrophys. J., 1925 (61): 17 - 37.

[6] James C W. History of millimeter and sub - millimeter waves [J]. IEEE Transactions on Microwave Theory and Techniques, 1984, 32 (9): 1118 - 1127.

[7] Johnston S L. Sub - millimetre - wave propagation measurement techniques [J]. Radio & Electronic Engineer, 1982, 52 (11 - 12): 585 - 599.

[8] Liu H B, Zhong H, Karpowicz N, et al. Terahertz spectroscopy and imaging for defense and security applications [J]. Proceedings of the IEEE, 2007, 95 (8): 1514 - 1527.

[9] Withayachumnankul W, Png G M, Yin X X, et al. T - Ray sensing and imaging [J]. Proceedings of the IEEE, 2007, 95 (8): 1528 - 1558.

[10] Federici J F, Schulkin B, Huang F, et al. THz imaging and sensing for security applications - explosives, weapons and drugs [J]. Semiconductor

Science and Technology，2005，20（7）：266－280.

［11］ 郑新，刘超．太赫兹技术的发展及在雷达和通讯系统中的应用［J］. 微波学报，2010，26（6）：1－6.

［12］ 王瑞君．太赫兹目标散射特性关键技术研究［D］. 长沙：国防科学技术大学，2015.

［13］ 许文忠．太赫兹波在大气中衰减特性的研究［D］. 天津：天津大学，2014.

［14］ 曾邦泽，张存林，赵跃进，等．0.2THz 步进频率雷达成像实验研究［C］. 第十届全国光电技术学术交流会，2012：293.

［15］ 崔闪．三维散射中心提取和特征信号重构方法研究［D］. 北京：中国航天第二研究院，航天科工集团第二研究院，2015.

［16］ 关增社．复杂目标电磁散射的 FDTD 改进算法与测试技术［D］. 南京：东南大学，2015.

［17］ Hu B B，Nuss M C. Imaging with terahertz waves［J］. Optics Letters，1995，20（16）：1716.

［18］ Hu B B，Souza E A D，Knox W H，et al. Identifying the distinct phases of carrier transport in semiconductors with 10 fs resolution［J］. Physical Review Letters，1995，74（9）：1689.

［19］ Zhang X C，Wu Q，Hewitt T D. Electro－Optic Imaging of THz Beams［J］，1996.

［20］ Wu Q，Hewitt T D，Zhang X C. Two－dimensional electro－optic imaging of THz beams［J］. Applied Physics Letters，1996，69（8）：1026－1028.

［21］ Mitrofanov O，Brener I，Harel R，et al. Terahertz near－field microscopy based on a collection mode detector［J］. Applied Physics Letters，2000，77（22）：3496－3498.

［22］ Mitrofanov O，Brener I，Wanke M C，et al. Near－field microscope probe for far infrared time domain measurements［J］. Applied Physics Letters，2000，77（4）：591－593.

［23］ Ferguson B，Wang S，Gray D，et al. T－ray computed tomography［J］. Optics Letters，2002，27（15）：1312.

[24] Zhang X C, Ferguson B, Wang S, et al. T - ray diffraction tomography [C]. International Conference on Ultrafast Phenomena. Optical Society of America, 2002.

[25] Chau K J, Mujumdar S, Elezzabi A Y. Broadband terahertz pulse propagation in strongly scattering random media [C]. Quantum Electronics and Laser Science Conference. Optical Society of America, 2005: 1230 - 1232.

[26] Shen Y C, Taday P F, Kemp M C. 3D chemical mapping using terahertz pulsed imaging [J]. Proc Spie, 2005, 5727.

[27] 潘中良，陈翎，谌贻会．太赫兹波的层析成像 [J]. 数字技术与应用，2013 (12): 29 - 30.

[28] 杨昆．太赫兹时域光谱成像的研究 [D]. 北京：首都师范大学，2009.

[29] 韩煜，葛庆平，张存林，等．基于小波变换的太赫兹图像识别 [J]. 计算机工程与应用，2008，44 (2): 241 - 244.

[30] 杨昆，赵国忠，梁承森．太赫兹时域光谱成像处理方法的研究 [J]. 光学学报，2009，29 (s1).

[31] 孟超．脉冲太赫兹成像实验研究 [D]. 长沙：国防科学技术大学，2011.

[32] 王新柯．太赫兹实时成像中关键技术的研究与改进 [D]. 哈尔滨：哈尔滨工业大学，2011.

[33] Wang S, Zhang X. Pulsed terahertz tomography [J]. Journal of Physics D Applied Physics, 2004, 37 (4): R1.

[34] Ferguson B S, Wang S, Zhang X C. Transmission mode terahertz computed tomography: US, US7119339 [P], 2006.

[35] Federici J F, Barat R, Gary D, et al. THz standoff detection and imaging of explosives and weapons [J]. Proceedings of SPIE - The International Society for Optical Engineering, 2005 (75): 123 - 131.

[36] Federici J F, Gary D, Schulkin B, et al. Terahertz imaging using an interferometric array [J]. Applied Physics Letters, 2003, 83 (12): 2477 - 2479.

[37] 沈斌．THz 频段 SAR 成像及微多普勒目标检测与分离技术研究 [D]. 成

都：电子科技大学，2008.

[38] 张群英，江兆凤，李超，等．太赫兹合成孔径雷达成像运动补偿算法[J]. 电子与信息学报，2017，39（1）：129－137.

[39] 喻洋．太赫兹雷达目标探测关键技术研究［D]. 成都：电子科技大学，2016.

[40] 王硕，何劲，杨小优，等．逆合成孔径成像激光雷达微多普勒特征分析[J]. 激光与红外，2011，41（5）：506－510.

[41] Dengler R J，Cooper K B，Chattopadhyay G，et al. 600GHz imaging radar with 2cm range resolution [C]. Microwave Symposium，2007. IEEE/MTT－S International. IEEE，2007：1371－1374.

[42] Chattopadhyay G，Cooper K B，Dengler R，et al. A 600GHz imaging radar for contraband detection [C]. Ninteenth International Symposium on Space Terahertz Technology. Ninteenth International Symposium on Space Terahertz Technology，2008：300.

[43] Siegel P H. Terahertz technology in biology and medicine [J]. Microwave Theory & Techniques IEEE Transactions on，2004，52（10）：2438－2447.

[44] Cooper K B，Dengler R J，Chattopadhyay G，et al. A high－resolution imaging radar at 580GHz [J]. IEEE Microwave & Wireless Components Letters，2008，18（1）：64－66.

[45] Cooper K B，Dengler R J，Llombart N，et al. Fast high－resolution terahertz radar imaging at 25 meters [C]. SPIE Defense，Security，and Sensing. International Society for Optics and Photonics，2010：281－290.

[46] Breit M. Active THz imaging for standoff detection [J]. Proc Spie，2007，41（6）：353.

[47] Hübers H W，Semenov A D，Richter H，et al. Terahertz imaging system for stand－off detection of threats [C]. Defense and Security Symposium. International Society for Optics and Photonics，2007：191－194.

[48] Semenov A，Richter H，Hübers H W，et al. Passive terahertz wave imaging with a single bolometer and with a bolometer array [J]. 2006.

[49] Richter H, Böttger U, Hübers H W, et al. Imaging THz radar for security applications [M]. 2007.

[50] Essen H, Wahlen A, Sommer R, et al. Development of a 220GHz experimental radar [C]. Microwave Conference. VDE, 2011: 1-4.

[51] Essen H, Hagelen M, Johannes W, et al. High resolution millimetre wave measurement radars for ground based SAR and ISAR imaging [C]. Radar Conference, 2008. RADAR '08. IEEE. IEEE, 2008: 1-5.

[52] Haegelen M, Stanko S, Essen H, et al. A 3-D millimeterwave luggage scanner [C]. International Conference on Infrared, Millimeter and Terahertz Waves, 2008. Irmmw-Thz. IEEE, 2008: 1-2.

[53] Essen H, Fuchs H H, Pagels A. High resolution millimeterwave SAR for the remote sensing of wave patterns [C]. Geoscience and Remote Sensing Symposium, 2007. IGARSS 2007. IEEE.

[54] 李海涛. 连续太赫兹波图像增强算法的研究 [D]. 北京：首都师范大学，2008.

[55] 焦月英. 连续太赫兹波成像技术的研究 [D]. 北京：首都师范大学，2008.

[56] 黄亚雄. 太赫兹波相干层析成像技术的研究 [D]. 武汉：华中科技大学，2015.

[57] 王秀敏. 不同组分和掺杂的 ZnCdTe 单晶的 THz 辐射特性研究 [D]. 北京：首都师范大学，2003.

[58] 吴兆耀. 连续波太赫兹成像实验研究 [D]. 成都：电子科技大学，2010.

[59] 周燕. 连续太赫兹波成像技术的检测应用研究 [D]. 北京：首都师范大学，2007.

[60] Coulombe M J, Ferdin T, Horgan T, et al. A 585GHz compact range for scale model rcs measurements [J]. Proc of the Antenna Measurements & Techniques Association Dallas Tx, 1993.

[61] Goyette T M, Dickinson J C, Waldman J. 1.56THz compact radar range for W-band imagery of scale-model tactical targets [J]. Proceedings of SPIE - The International Society for Optical Engineering, 2000 (4053):

615 - 622.

[62] Goyette T M, Dickinson J C, Waldman J. Three - dimensional fully polarimetric W - band ISAR imagery of scale - model tactical targets using a 1.56THz compact range [J]. Proceedings of SPIE - The International Society for Optical Engineering, 2001 (4382): 229 - 240.

[63] Goyette T M, Dickinson J C, Waldman J. W - band polarimetric scattering features of a tactical ground target using a 1.56THz 3D - imaging compact range [J]. Proceedings of SPIE - The International Society for Optical Engineering, 2001 (4382): 241 - 251.

[64] Gatesman A J, Goyette T M, Dickinson J C, et al. Physical scale modeling the millimeter - wave backscattering behavior of ground clutter [J]. Proceedings of SPIE - The International Society for Optical Engineering, 2001 (4370): 141 - 151.

[65] Goyette T M, Dickinson J C, Gorveatt W J, et al. X - band tSAR imagery of scale - model tactical targets using a wide bandwidth 350GHz compact range [J]. Proceedings of SPIE - The International Society for Optical Engineering, 2004 (5427): 227 - 236.

[66] Dickinson J C, Goyette T M, Waldman J. High resolution imaging using a 1.5THz transceiver [J]. 2004.

[67] Naweed A, Goodhue W D, Gorveatt W J, et al. Terahertz magneto - photoconductive characterization of hydrogenic barrier donors in GaAs/AlGaAs epitaxial thin films [J]. Journal of Vacuum Science & Technology B, 2004, 22 (3): 1580 - 1583.

[68] Goyette T M. Terahertz Technology and Applications Ⅱ [J]. 2009.

[69] Wietzke S, Jansen C, Jördens C, et al. Industrial applications of THz systems [C]. International Symposium on Photoelectronic Detection and Imaging 2009: Terahertz and High Energy Radiation Detection Technologies and Applications. International Society for Optics and Photonics, 2009: 738506 - 738506 - 13.

[70] Wietzke S, Jansen C, Wang H, et al. Terahertz testing of adhesive bonds

[J]. 2011：1-2.

[71] Wietzke S，Jansen C，Jung T，et al. Terahertz time-domain spectroscopy as a tool to monitor the glass transition in polymers [J]. Optics Express，2009，17 (21)：19006-14.

[72] Jansen C，Krumbholz N，Geise R，et al. Alignment and illumination issues in scaled THz RCS measurements [C]. International Conference on Infrared，Millimeter，and Terahertz Waves，2009. Irmmw-Thz. IEEE，2009：1-2.

[73] Jansen C，Krumbholz N，Geise R，et al. Scaled radar cross section measurements with terahertz-spectroscopy up to 800GHz [C]. 3rd European Conference on Antennas and Propagation，Berlin，Germany，2009：3645-3648.

[74] 钟兴建，崔铁军，李茁，等．太赫兹频段理想导体 RCS 预测的初步研究 [C]. 全国天线年会．2007.

[75] 葛进，王仍，张雷，等．不同频率的太赫兹时域光谱透射成像对比度研究 [J]. 激光与红外，2010，40 (4)：383-386.

[76] 秦琴，王晓峰，焦金龙，等．基于 FEKO 软件的目标 RCS 计算及数据分析 [J]. 电子技术应用，2018 (2)：102-104.

[77] 高磊，曾勇虎，汪连栋．导弹目标单、双基地雷达散射截面对比分析 [J]. 强激光与粒子束，2018，30 (1)：68-74.

[78] 庄钊文．雷达目标识别 [M]. 北京：高等教育出版社，2015.

[79] 保铮，邢孟道，王彤，等．雷达成像技术 [M]. 北京：电子工业出版社，2005.

[80] 王晓丹，王积勤．雷达目标识别技术综述 [J]. 现代雷达，2003，25 (5)：22-26.

[81] 王栟，张其善，杨东凯．空中目标 GPS 散射信号对最大距离积的影响 [J]. 北京理工大学学报，2009，29 (7)：644-647.

[82] 张鹏飞．隐身技术中的雷达截面预估与控制 [D]. 西安：西安电子科技大学，2008.

[83] 黄剑．空间目标 RCS 特征参数提取技术研究 [D]. 长沙：国防科学技术

大学，2009.

[84] 邓嘉卿，王艳芳. 金属球双站RCS研究 [J]. 科技创新导报，2013 (6)：130－131.

[85] 杰里·L·伊伏斯，爱德华·K·里迪. 现代雷达原理 [M]. 北京：电子工业出版社，1991.

[86] 廖可非. 基于合成孔径三维成像的雷达散射截面测量技术研究 [D]. 北京：电子科技大学，2015.

[87] 张淑溢. 雷达散射截面积计量技术研究 [D]. 北京：北京交通大学，2013.

[88] 邢孟道. 基于实测数据的雷达成像方法研究 [D]. 西安：西安电子科技大学，2002.

[89] 许小剑，黄培康. 利用RCS幅度信息进行雷达目标识别 [J]. 系统工程与电子技术，1992 (6)：1－9.

[90] 黄培康，殷红成，许小剑. 雷达目标特性 [M]. 北京：电子工业出版社，2005.

[91] 匡磊. 高频区涂覆雷达吸波材料的复杂目标的实时RCS预估 [D]. 合肥：安徽大学，2004.

[92] 许小艳. 开口腔体的RCS计算 [D]. 西安：西安电子科技大学，2007.

[93] 李文卉. 二维成像非平面波修正技术 [D]. 北京：北京理工大学，2007.

[94] 赵京城. 微波毫米成像系统 [D]. 北京：北京航空航天大学，2002.

[95] Riaisianen A V, Ala－Laurinaho J Hakli J, et al. Compact antenna test range based on a computer－generated hologram and its use at submillimeter wavelengths [A]. Antennas and Propagation Conference, 2007. Loughborough, UK.: [s. n.], 2007: 23－26.

[96] 孙双喜，黄强. 关于金属球双站RCS研究与探讨 [J]. 中国科技纵横，2013 (7)：58.

[97] 蒋彦雯. 太赫兹目标RCS测量和成像研究 [D]. 长沙：国防科学技术大学，2014.

[98] 阮颖铮. 雷达截面与隐身技术 [M]. 北京：国防工业出版社，1998.

[99] 穆猷. 二维粗糙表面光散射特性模拟与实验研究 [D]. 哈尔滨：哈尔滨

工业大学，2008.

[100] 张涵璐．大气背景下的地物光散射特性研究 [D]. 西安：西安电子科技大学，2006.

[101] 张百顺，刘文清，魏庆农，等．基于双向反射分布函数实验测量的目标散射特性的分析 [J]. 光学技术，2006，32（2）：180－182.

[102] Rao S，Wilton D，Glisson A. Electromagnetic scattering by surfaces of arbitrary shape [J]. IEEE Transactions on Antennas & Propagation，1982，30（3）：409－418.

[103] Tsang L，Kong J A，Ding K H. Scattering of electromagnetic waves，theories and applications [J]. 2004，18（11）：445.

[104] 盛新庆．计算电磁学要论 [M]. 北京：科学出版社，2004.

[105] Kong J A. Scattering of electromagnetic waves：Numerical simulations [M]. 2002.

[106] Harrington R F，Harrington J L. Field computation by moment methods [M]. Macmillan，1968.

[107] Tausch J，Wang J，White J. Improved integral formulations for fast 3－D method－of－moments solvers [M]. IEEE Press，2006.

[108] 刘彬．粗糙面电磁散射数值方法研究 [D]. 杭州：浙江大学，2010.

[109] 张春媛．目标与粗糙面电磁散射的时域积分方程法 [D]. 西安：西安电子科技大学，2006.

[110] 黄于恒．粗糙面电磁散射数值方法研究 [D]. 武汉：华中科技大学，2008.

[111] Greengard L，Roklin V. A fast algorithm for particle simulation [J]. Comput. Phys，1987，73（2）：325－348.

[112] Song J M，Lu C C，Chew W C，et al. Fast Illinois solver code（FISC）[J]. Antennas & Propagation Magazine IEEE，1998，40（3）：27－34.

[113] 刘战合，黄沛霖，高旭，等．电大尺寸散射体的 RCS 计算方法研究 [J]. 沈阳航空航天大学学报，2007，24（1）：21－24.

[114] 王浩刚．电大尺寸含腔体复杂目标矢量电磁散射一体化精确建模与高效算法研究 [D]. 成都：电子科技大学，2001.

[115] 刘战合，武哲，周钧，等．多层快速多极子算法的改进措施［J］. 航空学报，2008，29（5）：1180－1185.

[116] 孙振起，黄明辉．航空用铝合金表面处理的研究现状与展望［J］. 材料导报，2011，25（23）：146－151.

[117] 杨盟辉．高频PCB基材介电常数与介电损耗的特性与改性进展［J］. 印制电路信息，2009（4）：27－31.

[118] 刘艳艳．太赫兹时域光谱技术与隐身材料［D］. 北京：首都师范大学，2009.

[119] Zhao H，Zhao K，Tian L，et al. Spectrum features of commercial derv fuel oils in the terahertz region［J］. Science China Physics Mechanics & Astronomy，2012，55（2）：195－198.

[120] Duan G T，Lin L I，Cui H L，et al. Fiber－coupled asynchronous optical sampling THz－TDS system［J］. Transactions of Beijing Institute of Technology，2016.

[121] Bao R M，Zhao K，Tian L，et al. Spectroscopy studies on the selected gasoline in the terahertz range［J］. Scientia Sinica，2010，40（8）：950－954.

[122] Lonnqvist A，Tamminen A，Mallat J，et al. Monostatic reflectivity measurement of radar absorbing materials at 310GHz［J］. IEEE Transactions on Microwave Theory & Techniques，2006，54（9）：3486－3491.

[123] Tamminen A，Lonnqvist A，Mallat J，et al. Monostatic reflectivity and transmittance of radar absorbing materials at 650GHz［J］. IEEE Transactions on Microwave Theory & Techniques，2008，56（3）：632－637.

[124] Norouzian F，Du R，Gashinova M，et al. Monostatic and bistatic reflectivity measurements of radar absorbers at low－THz frequency［C］. Radar Conference. IEEE，2017.

[125] 张长江，鲁述，徐鹏根．雷达吸收材料参数的优化研究［C］. 全国天线理论电磁散射与逆散射学术会议．1999.

[126] Liu C, Wang X, Kou Y. RCS of large calibration objects with different surface characteristics in 0.31 THz [J]. Microwave & Optical Technology Letters, 2015, 57 (11): 2479-2482.

[127] 康行健. 天线原理与设计 [M]. 北京：北京理工大学出版社，1993.

[128] 卢万铮. 天线理论与技术 [M]. 西安：西安电子科技大学出版社，2004.

[129] 杨彦炯. 阵列天线与毫米波紧缩场天线研究 [D]. 西安：西安电子科技大学，2011.

[130] 全绍辉，何国瑜，徐永斌，等. 大型紧缩场电气性能检测 [J]. 微波学报，2003，19 (2)：77-80.

[131] 陈爱波，陈五一. 紧缩场的发展与技术分析 [J]. 工业技术创新，2015 (1)：97-102.

[132] 李渭. 一种毫米波波段的紧缩场设计 [D]. 西安：西北大学，2011.

[133] Olver A D, Saleeb A A. Lens-type compact antenna range [J]. Electronics Letters, 1979, 15 (14): 409-410.

[134] Menzel W, Huder B. Compact range for millimeter wave frequencies using a dielectric lens [J]. Electronics Letters, 1984, 20 (13): 768-769.

[135] 单瑞超. 太赫兹波段三反射紧缩场系统的研究与设计 [D]. 北京：北京邮电大学，2012.

[136] Johnson R C, Poinsett R J. Compact antenna range techniques [J]. Compact Antenna Range Techniques, 1965.

[137] Johnson R C, Ecker H A, Moore R A. Compact range techniques and measurements [J]. IEEE Transactions on Antennas and Propagation, 1969, 17 (5): 568-576.

[138] Scientific Atlanta Inc. The compact range [J]. Microwave Journal, 1974 (17): 30-32.

[139] Vokurka V J. New compact range with cylindrical reflectors and high efficiency factor [A]. Symp. On Microwaves. Munich, 1976.

[140] Parini C G, Olver A D, Mcnair P, et al. The design, construction and use of a millimetrewave compact antenna test range [C]. Antennas and Propagation, 1989. Icap 89. Sixth International Conference on. IET,

1989：345 - 350 vol. 1.

[141] Steiner H J, Kaempfer N. A new advanced mm - wave test facility for EM field measuring of large antenna systems up to 200GHz [C]. Microwave Conference, 1989. European. IEEE, 1989：480 - 485.

[142] Ngai E C, Rhoades L E, Cardiasmenos A G. Advanced design techniques for the very large compact range (VLCR) reflector system [C]. Microwave Conference, 1992. European. IEEE, 1992：643 - 648.

[143] Hartmann J, Fasold D. Analysis and performance verification of advanced compensated compact ranges [C]. Microwave Conference, 1999. European. IEEE, 2007：146 - 149.

[144] 全绍辉，何国瑜，徐永斌，等. 一个高性能单反射面紧缩场 [J]. 北京航空航天大学学报，2003，29 (9)：767 - 769.

[145] 杨雯森. 一种三反射镜紧缩场天线测量系统的模拟研究 [D]. 北京：北京邮电大学，2013.

[146] 麦源. 三反射镜紧缩场天线测量系统设计 [D]. 北京：北京邮电大学，2010.

[147] 寇雨馨. 太赫兹频段紧缩场系统检测技术研究 [D]. 北京：北京理工大学，2016.

[148] 张卓然，仇贤，何国瑜. 毫米波紧缩场及其扩频系统 [C]. 2005全国微波毫米波会议本文集（第二册）2006：618 - 620.

[149] 张领飞，秦顺友. 基于全息的太赫兹紧缩场测量技术 [J]. 无线电工程，2012，42 (11)：37 - 39.

[150] 张领飞，秦顺友. 太赫兹高增益天线测量技术的可行性分析 [J]. 太赫兹科学与电子信息学报，2013，11 (2)：184 - 188.

[151] 马永光，杨金涛，韩玉峰. 紧缩场静区高低频性能校准分析 [J]. 微波学报，2014，30 (S1)：584 - 587.

[152] 马永光，何国瑜. 一种寻找紧缩场内干扰源的简单方法 [J]. 电波科学学报，2008，23 (4)：674 - 677.

[153] 张晓平. 天线紧缩场测试技术研究 [J]. 航天器环境工程，2006，23 (6)：321 - 328.

[154] 张晓平．紧缩场超高频（UHF）天线测试方法的研究［J］. 航天器工程，2008，17（2）：63－68.

[155] 庄钊文，袁乃昌．雷达散射截面测量：紧凑场理论与技术［M］. 长沙：国防科技大学出版社，2000.

[156] 吕可，郑威．角反射体 RCS 微波暗室测量及分析［J］. 计算机测量与控制，2016，24（9）：28－31.

[157] Karttunen A，Hakli J，Raisanen A V. Design of a 650GHz dual reflector feed system for a hologram－based CATR［C］. European Conference on Antennas & Propagation. IEEE，2006：1－5.

[158] Hakli J，Koskinen T，Ala－Laurinaho J，et al. Dual reflector feed system for hologram－based compact antenna test range［J］. IEEE Transactions on Antennas & Propagation，2005，53（12）：3940－3948.

[159] Hirvonen T，Tuovinen J，Raisanen A. Lens－type compact antenna test range at mm－waves［C］. Microwave Conference，1991. European. IEEE，1991：1079－1083.

[160] Karttunen A，Ala－Laurinaho J，Vaaja M. Antenna Tests with a Hologram－Based CATR at 650GHz［J］. IEEE Trans on Antennas and Propagation，2009，57（3）：711－720.

[161] 田贵宇．电大尺寸物体的高频近似算法研究［D］. 上海：上海交通大学，2014.

[162] 汪茂光．几何绕射理论［M］. 西安：西北电讯工程学院出版社，1985.

[163] 王楠．现代一致性几何绕射理论［M］. 西安：西安电子科技大学出版社，2011.

[164] 田德元．矩量法和物理光学法的混合算法及应用研究［D］. 西安：西安电子科技大学，2012.

[165] 江月松，张志国，华厚强．基于快速物理光学法的太赫兹目标 RCS 计算［J］. 光学学报，2014（12）：68－74.

[166] Stratton J A，Chu L J. Diffraction theory of electromagnetic waves［J］. Physical Review，1939，56（1）：99－107.

[167] Guo－Zhong M. Computation of scattering field for impedance coated

bodies [C]. Antennas and Propagation Society International Symposium, 1993. AP-S. Digest. IEEE, 1993: 111-114 vol. 1.

[168] 王晨，刘梅林，焦金龙．基于大面元物理光学的超电大尺寸求解技术[J]. 微波学报，2012 (S1): 23-26.

[169] 唐波，黄汉生，孙子昂，等．基于LE-PO法的特高频输电线路无源干扰求解 [J]. 信阳师范学院学报（自然科学版），2017，30 (2): 287-292.

[170] 李莹．卫星模型电磁散射特性的计算方法研究 [D]. 北京：北京理工大学，2012.

[171] Liu C, Wang X. Design and test of a 0.3THz compact antenna test range [J]. Progress in Electromagnetics Research Letters, 2017 (70): 81-87.

[172] Kou Y, Wang X, Liu C. Quiet Area Tests of a Ka-band Compact Range [C]. International Conference on Information Sciences, Machinery, Materials and Energy. 2015.